Königsbrunner und Kissinger Heide

Juwelen vor den Toren Augsburgs

Naturführer

Naturwissenschaftlicher Verein für Schwaben e.V. (Hg.)

Berichte des Naturwissenschaftlichen Vereins für Schwaben – Sonderbericht 2023

bearbeitet von Eberhard Pfeuffer

Bibliografische Information der Deutschen Nationalbibliothek
Die Deutsche Nationalbibliothek verzeichnet diese Publikation in der Deutschen Nationalbibliografie; detaillierte bibliografische Daten sind im Internet über https://dnb.dnb.de abrufbar.

5., vollständig überarbeitete Auflage: Wißner-Verlag, Augsburg 2023

www.wissner.com

ISBN: 978-3-95786-328-7

Redaktion: Hans Demmel, Klaus Kuhn, Michael Mährlein, Eberhard Pfeuffer, Günter Riegel
Druck: Senser Druck GmbH, Augsburg
Bildnachweis Umschlag: Gunther Hasler (Vorderseite), Katrin Habenicht (Rückseite unten), Eberhard Pfeuffer (Rückseite, kleine Bilder)

Inhalt

Lechlandschaft südlich von Augsburg im 19. Jahrhundert, Königsbrunner Heide (li.) und Kissinger Heide (re.). (Topographischer Atlas vom Königreich Bayern, 1823)

Königsbrunner und Kissinger Heide

Juwelen vor den Toren Augsburgs

in memoriam Dr. Fritz Hiemeyer

Die Königsbrunner und die Kissinger Heide zählen zu den artenreichsten Biotopen Bayerns. Es war Dr. Fritz Hiemeyer, einem exzellenten Kenner dieser Heiden, ein wichtiges Anliegen, die Schönheit, den Artenreichtum und die Schutzwürdigkeit dieser „Juwelen vor den Toren Augsburgs" durch unzählige Exkursionen und schließlich durch einen Naturführer einem interessierten Publikum näherzubringen.

Nun ist dieser Naturführer in die Jahre gekommen. Wegen zunehmenden Interesses an der besonderen Pflanzen- und Tierwelt unmittelbar vor der Großstadt Augsburg hat sich der Naturwissenschaftliche Verein für Schwaben zu einer Neuauflage entschlossen. Zusätzlich zu den beiden Heiden wurden die südlich der Kissinger Heide gelegenen „Bahngruben" und die sich daran anschließende „Ausgleichsfläche" aufgenommen. Allerdings ist es nicht möglich, auch nur annähernd die Vielfalt der Flora und Fauna der Heiden in einem einzigen Naturführer darzustellen. Viele Arten sind zudem klein oder unscheinbar und deshalb oft nur Spezialisten zugänglich. Deshalb beschränkt sich die Auswahl auf besonders typische Arten, die auch vom Weg aus leicht zu erkennen und zu beobachten sind. Eine große Zahl weiterer Tier- und Pflanzenarten mit einer kurzen Beschreibung ist auf der Webseite des Naturwissenschaftlichen Vereins für Schwaben zu finden: https://nwv-schwaben.de, Stichwort „Artenpool".

In der Zielsetzung unterscheidet sich der neu aufgelegte Führer nicht von seiner Vorgängerversion. Auch er will den Besuchern der Heiden deren Einzigartigkeit vor Augen führen und damit für den Schutz der Heiden werben, denn:

Man schützt nur, was man kennt.

Die alte Lechfeldheide

Die Königsbrunner und die Kissinger Heide sind Reste der einstigen Heidelandschaft auf dem Lechfeld zwischen Landsberg und Augsburg. Diese Heide galt neben der Garchinger Heide bei München nicht nur als größte, sondern auch als bedeutendste Flussschotterheide Süddeutschlands.

Ihre Entstehungsgeschichte reicht bis in die letzte Eiszeit, die Würmeiszeit (etwa vor 115.000 bis 10.000 Jahren), zurück. Damals transportierten Schmelzwasser vorwiegend in den Sommermonaten riesige Gesteinsmassen, die der Lechgletscher aus den Alpen bis in die Höhe von Schongau geschoben hatte, bis zur Donau weiter. Beim Transport schliffen sie die zunächst groben Steinblöcke zu runden Kieseln. Einen Teil von ihnen lagerten sie auf dem Lechfeld ab. Nach dem Zurückweichen der Gletscher in die Alpen am Ende der Eiszeit vor etwa 10.000 Jahren bildete sich allmählich anstelle der Schmelzwasserströme ein Fluss, der Lech. Als reißender Wildfluss transportierte auch er Gesteinsschutt aus den Alpen bis zur Donau, schliff die Steine dabei, wie zuvor die Schmelzwasser, zu Kieseln und schichtete Teile seines „Gerölls" im Lechfeld auf die eiszeitlichen Kiesfelder. So entstand im Laufe von Jahrtausenden eine weite Schotterebene.

Auf dieser flachgründigen Fläche konnte sich von den nacheiszeitlich allmählich zugewanderten Bäumen nur die Wald-Kiefer dauerhaft ansiedeln. Aber auch sie vermochte nur einen sehr lichten Bestand aus kleinwüchsigen Bäumen zu bilden. Dieser trockene und warme Wald – wir nennen derartige noch bestehende Wälder nach der bestimmenden Pflanze der Waldbodenvegetation „Schneeheide-Kiefernwald" – bot vielen

Der „Schafhalterstein" aus Epfach, ein römisches Steindenkmal aus dem 2. Jahrhundert, weist auf die Tradition der Schafhaltung im Lechtal zur Römerzeit hin.

2 m hohe eiszeitliche Kiesschichten bilden die Schotterebene des Lechfelds.

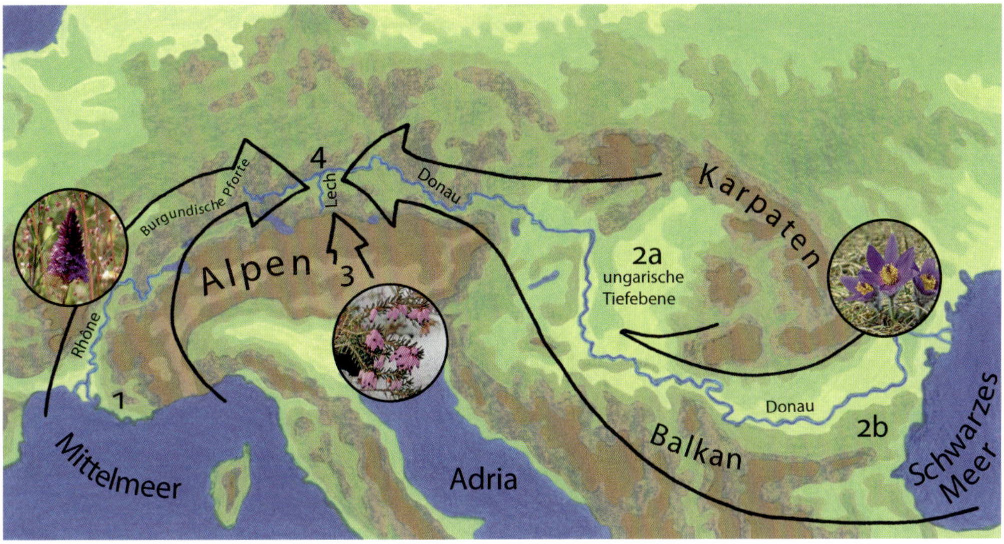

Das Untere Lechtal als Schnittpunkt nacheiszeitlicher Zuwanderungsrouten aus submediterranen, subkontinentalen und alpinen Regionen

Arten der späteren Heide einen Lebensraum. Durch Beweidung und Holznutzung – beides dürfte bis in die Jungsteinzeit zurückreichen – entstand allmählich aus dem lichten Wald die baumlose Heide. Jahrtausendelang zogen über sie große Herden von Weidetieren.

Bis weit ins 19. Jahrhundert bot die Lechfeldheide, wie der Münchener Botaniker Otto Sendtner 1854 schrieb, das Bild einer Flussschotterheide *im großartigsten Maasse*. Sie grenzte mit einer Fläche von ca. 20 km² teilweise direkt an den Lech, der hier die größte Wildflussaue des nördlichen Voralpenlandes bildete. Vor allem aber wies sie, wie in zeitgenössischen Berichten festgehalten ist, einen unvergleichlichen Artenreichtum auf. Der Augsburger Botaniker Friedrich Caflisch schreibt 1848 zur Blüte der Heide:

Den schönsten Schmuck des Lechfeldes bilden jedoch die herrlichsten Orchideen, die oft in großer Menge über die Ebene zerstreut sind, und von denen manche, wie z.B. Ophrys arachnites (= Hummel-Ragwurz) *und aranifera* (= Spinnen-Ragwurz) *durch die abentheuerliche Form ihrer Blüthen frappieren.*

Alle Pflanzen wie Tiere der Heide sind nach der Eiszeit in großen Zeiträumen allmählich zugewandert. Bei ihrem Weg aus dem Süden, wo sie die Kaltzeit überstehen konnten, mussten sie die Alpen umgehen. Viele von ihnen, besonders

Zusammentreffen von Pflanzenarten auf den Heiden aus unterschiedlichen Regionen: „Heideröschen" [submediterran] und Regensburger Geißklee [kontinental]

Orchideen, kamen aus dem Mittelmeerraum über das Rhonetal, dann durch die zwischen Vogesen und Jura gelegene Burgundische Pforte und schließlich über Trockenrasen der Alb zum Lech. Andere Arten, wie beispielsweise die Gewöhnliche Küchenschelle oder der Regensburger Geißklee, breiteten sich aus südöstlichen Steppen donauaufwärts bis zum Lech aus. Zu den aus dem Süden stammenden Arten gesellten sich schließlich noch alpine Arten, die wie die Schnee-Heide lechabwärts bis zur Donau vordrangen. Auf der Lechheide, dem Schnittpunkt ihrer Wanderrouten, trafen die Pflanzen- und Tierarten zusammen, was heute noch anhand des Pflanzenspektrums und der Artenvielfalt der verbliebenen Heiden gut zu erkennen ist.

Zudem ist das Lechtal – besonders ausgeprägt für kalkliebende Arten – die einzige Verbindung zwischen den großen Naturräumen Alpen und Alb. Auf dieser „Biotopbrücke Lechtal“ wandern seit Jahrtausenden viele Arten lechauf und lechab, wobei die Heide ein wichtiger „Trittstein“ war. Hier konnten sich die Arten ansiedeln und große Populationen bilden, von denen einzelne Individuen die Wanderung immer wieder fortsetzten. So war über das großräumige Verbundsystem „Biotopbrücke Lechtal“ über Jahrtausende auch ein Gen-Austausch über weite Strecken möglich.

Eine weitere Besonderheit der Lechfeldheide schuf der Lech, indem er sich auf dem Lechfeld in 1.700 Jahren um dreieinhalb Kilometer nach Osten verlagerte. Dabei hinterließ er das Relief des Wildflusses aus Kies- und Sandbänken, Flutrinnen und Mulden sowie den für Wildflussland-

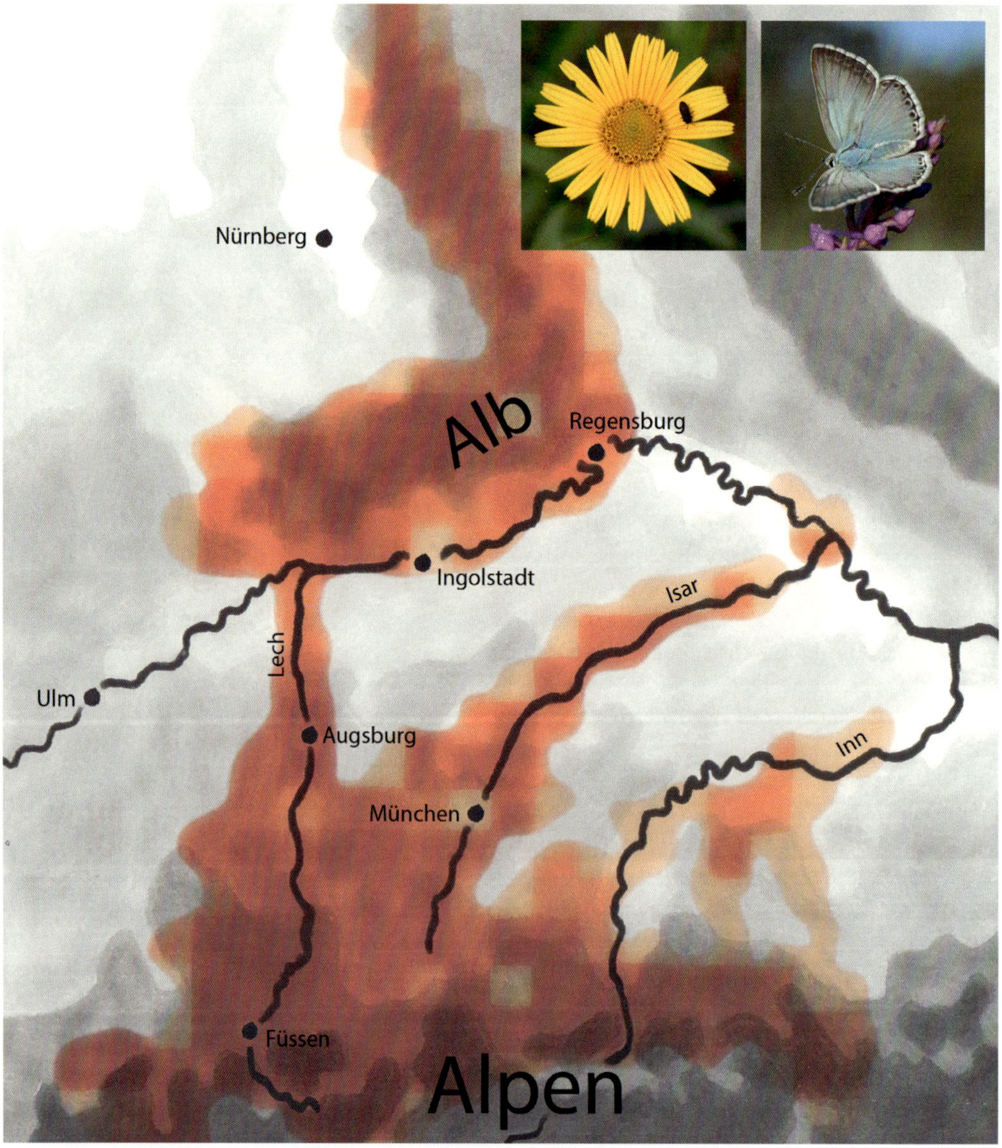

Beispielhaft zeigt die nahezu identische Verbreitung des Ochsenauges und des Silbergrünen Bläulings die Funktion des Lechtals als Biotopbrücke zwischen Alpen und Alb.

Einstige Flussrinne auf der Königsbrunner Heide

schaften typischen Terrassen. In das trockengefallene Flussbett drang allmählich die Vegetation vor. Dabei entstand eine Pflanzendecke, die kleinräumig gesehen sehr unterschiedlich war. Aus den ehemaligen Kiesbänken wurden trockenwarme Standorte mit einem lückigen Bewuchs. Höher und dichter entwickelte sich die Vegetation auf den ehemaligen Sandbänken. In den einstigen Flutrinnen entsprangen mitten in der Heide, wie der bereits erwähnte Friedrich Caflisch 1848 berichtet, Quellbäche, die sogenannten Gießer, um die sich kleine Sümpfe bildeten. Dazu kamen in Mulden und flachen Rinnen wechselfeuchte Bereiche, die je nach dem Grundwasserstand, der vom Pegel des Lechs abhängig war, nass, feucht oder trocken waren.

Daher ist die Flussschotterheide ein Lebensraum, in dem Arten mit unterschiedlichsten ökologischen Ansprüchen vorkommen. Drei Beispiele sollen das verdeutlichen: Bis heute wächst an manchen Stellen die auf Feuchtigkeit angewiesene Mehl-Primel in naher Nachbarschaft zur Hummel-Ragwurz, die trockene und warme Standorte benötigt. Ebenso fliegt auf den Lechfeldheiden der aus dem Mittelmeerraum zugewanderte Himmelblaue Bläuling, eine wärmeliebende Art, zusammen mit dem aus den voralpinen kühlen Mooren stammenden Blaukernauge. In kühleren und feuchteren Bereichen lebt die Kreuzotter, während die Schlingnatter sich auf trocken-warmen Stellen sonnt.

Alle drei Faktoren – also Schnittpunkt großräumiger Zuwanderungsrouten, Trittstein in der „Biotopbrücke Lechtal" und das besondere Bodenprofil – waren die Voraussetzungen für die Entwicklung der europaweit einzigartigen Pflanzen- und Tierwelt der ehemaligen großen Lechfeldheide. Die verbliebenen kleinen Heiden bewahren einen großen Teil dieses Artenspektrums der alten Lechlandschaft bis heute.

Königsbrunner und Kissinger Heide – ein Erbe der alten Lechlandschaft

Die Verbauung des Lechs auf dem Lechfeld in den 1920er Jahren zu einem Kanal hatte auch weitreichende Auswirkungen auf die Heide. Nachdem die Hochwassergefahr wenn auch nicht völlig, so doch weitgehend gebannt war, drangen Forst- und Landwirtschaft vielerorts bis unmittelbar zum Fluss in die Aue vor. Damit verlor die Heide fortschreitend große Teile ihrer Fläche. Hinzu kam die Aufgabe der Wanderschäferei in den 1950er Jahren mit der Folge einer zunehmenden Verbuschung noch bestehender Heidereste. Schließlich blieb von der einst großen Heide nur ein Prozent erhalten und selbst dieser kleine Rest ist bis heute aufgesplittert in viele inselartig voneinander getrennte Einzelteile. Die zwei am besten bekannten Reste der alten Lechfeldheide sind die Königsbrunner und die Kissinger Heide. Sie sollen hier stellvertretend für alle Heiden auf dem Lechfeld vorgestellt werden, obgleich jede Heide aufgrund ihrer Größe, der Schichtung ihres Bodens und ihres jeweiligen Grundwasserstandes ganz spezifische Besonderheiten aufweist.

Die Königsbrunner Heide

Die Königsbrunner Heide liegt an der Süd-Westgrenze des „Stadtwald Augsburg". Sie gilt heute als die artenreichste aller verbliebenen Heiden auf dem Lechfeld, was bei Betrachtung ihrer jüngeren Geschichte alles andere als selbstverständlich ist. 1940 wurde sie wie der ganze „Stadtwald Augsburg" als Naturschutzgebiet ausgewiesen, allerdings ohne dass mit dieser förmlichen Unterschutzstellung Pflegemaßnahmen verbunden gewesen wären. Vielmehr wurde die Heide in der Nachkriegszeit durch Aufforstung eines (inzwischen an einer Stelle aufgelichteten) Waldstreifens in den südlichen Kernbereich (4,2 ha) und die nordöstlich davon gelegene Hasenheide (7,8 ha) zweigeteilt. 1964 wurden in der Kernzone 2.000 Fichten gepflanzt, die Dr. Fritz Hiemeyer mit seiner Familie entfernte. Man mag es sich nicht vorstellen, aber ohne diesen mit einem Bußgeld geahndeten Eingriff wäre die Königsbrunner Heide in großen Teilen ein mehr oder weniger absterbender Fichtenwald.

Königsbrunner Heide (Kernzone) im Herbst mit sich anschließendem lichtem Kiefernwald

Dr. Fritz Hiemeyer bei seiner Rettungsaktion für die Königsbrunner Heide im Winter 1966/67

Der besonnte Waldsaum der Königsbrunner Heide ist für viele Kleintierarten ein wertvoller Lebensraum.

Durch die Meldung als FFH-Gebiet (= Fauna-Flora-Habitat-Gebiet, in dem die Lebensräume von Tieren und Pflanzen nach EU-Recht geschützt sind) ist die Heide heute Teil des europaweiten Schutzgebiet-Netzwerkes Natura 2000. Zudem erfolgt seit Jahrzehnten eine systematische Pflege (siehe unten), die das unterschiedliche Landschaftsbild und Arteninventar von Kernzone und Hasenheide berücksichtigt.

Die Kernzone grenzt nach Osten direkt an einen Kiefernwald, wobei dieser Übergang zum lichten Wald nicht nur landschaftlich reizvoll, sondern auch ökologisch sehr wertvoll ist.

Hier, im Kernbereich, hat sich wie auf keiner anderen Lechfeldheide das oben geschilderte Bodenrelief der alten Lechfeldheide erhalten. Noch immer erkennt man einstige Flussrinnen und Mulden sowie für die Wildflusslandschaften typische Terrassen. Wuchshöhe, Dichte und die Zusammensetzung der Vegetation lassen zudem auf einen jeweils kiesigen oder feinerdigen Grund schließen.

An die Hasenheide schließt sich vor dem Übergang zum Wald zunächst eine Fläche an, die kürzlich gerodet wurde und sich durch pflegerische Maßnahmen zu einer Heide entwickeln wird. Im Nordost-Zipfel der Hasenheide liegt – heute eine große Seltenheit auf dem Lechfeld – ein Quelltopf, der den Ölbach speist.

Aufgrund ihres differenzierten Bodenreliefs weist die Kernzone besonders viele Arten mit unterschiedlichen ökologischen Ansprüchen auf (vgl. die oben aufgeführten Beispiele). Geradezu ein Publikumsmagnet ist zur Blütezeit der Bestand der Sumpfgladiole, der sich in den letzten Jahrzehnten zu einem der größten, wenn nicht *dem* größten in Mitteleuropa entwickelt hat.

Berühmt ist die Heide zudem durch ihre große Anzahl von Orchideenarten. Die Hasenheide bietet dagegen im Frühsommer besonders im westlichen Teil das Bild einer Wiese. Durch Beweidung wird, wie sich bereits jetzt deutlich abzeichnet, in Zukunft auch hier wieder eine Heide entstehen.

Terrasse auf der Königsbrunner Heide

Zur Hochblütezeit: Kernzone der Königsbrunner Heide (oben) und Hasenheide (unten)

Kissinger Heide

Die Kissinger Heide

Die im Kernbereich 9 Hektar große Kissinger Heide liegt ca. 8 Kilometer nordöstlich der Königsbrunner Heide rechtsseitig des Lechs. Da sich das Gelände wohl schon immer außerhalb der Hauptflussrinne des Lechs befand, weist ihr Bodenprofil im Gegensatz zu dem unregelmäßigen Relief der Königsbrunner Heide nur an wenigen Stellen leichte Senkungen auf. Dies hat auch Auswirkungen auf die Zusammensetzung der Pflanzen- und Tierwelt. So gab es ursprünglich – um nur ein Beispiel zu nennen – bei fehlenden wechselfeuchten Bereichen auf der Kissinger Heide keine Sumpfgladiolen. Ein weiterer Unterschied zur Königsbrunner Heide ist der lockere Baumbestand, der durch zahlreiche Sträucher ergänzt wird. Auch wenn dadurch das Landschaftsbild nur noch entfernt an die alte baumlose Lechfeldheide erinnert, ist die Pflanzen- und Tierwelt auch dieser Heide zum großen Teil ein Erbe der einstigen Wildflusslandschaft.

Die jüngere Geschichte der Heide weist einige Parallelen zur Königsbrunner Heide auf. Bis in die 1920er Jahre wurde die Fläche neben einer herbstlichen Streumahd als Weidegrund genutzt. 1941, also fast gleichzeitig mit dem „Stadtwald Augsburg", wurde die Heide als Naturschutzgebiet ausgewiesen. Wie bei der Königsbrunner Heide konnte jedoch auch hier die Unterschutzstellung schwerwiegende Eingriffe nicht verhindern. So wurde bis ins Jahr 1961 im nördlichen Teil auf einer besonders orchideenreichen Fläche Kies abgebaut.

Heute zieht die Kissinger Heide vor allem im Frühling wegen der Blüte des Stängellosen Enzians eine große Anzahl von Besuchern an. Aber auch für diese Heide gilt, dass sie wie alle Lechfeldheiden ein Lebensraum für eine spezifische und sehr selten gewordene Pflanzen- und Tierwelt ist. Deshalb ist sie heute ebenfalls als Natura 2000-Gebiet international anerkannt und geschützt.

„Natur aus zweiter Hand“ – die Bahngruben mit angrenzender Ausgleichsfläche

1840 entstanden südöstlich der Kissinger Heide im Rahmen des Neubaus der Bahnlinie Augsburg-München zwei tiefer gelegene Flächen, die 2,3 Hektar großen „alten Bahngruben“. Da die Fläche landwirtschaftlich nicht genutzt werden konnte, entstand hier ein kleiner, aber – wie die Artzusammensetzung bis heute zeigt – sehr wertvoller Ersatzlebensraum für seltene Pflanzen der Heiden. Eigentümer der Fläche, die als Naturdenkmal unter Schutz gestellt ist, ist die Bayerische Botanische Gesellschaft.

Für den viergleisigen Ausbau der Bahnstrecke München-Augsburg wurde nördlich der Bahngruben als Ausgleichsmaßnahme auf einer ca. 6 Hektar großen Fläche vor 25 bis 30 Jahren der Oberboden abgetragen. Anschließend wurden mittels einer Heusaat Samen aus Heideflächen übertragen. Ziel der inzwischen mehrfach bewährten Maßnahmen zur Schaffung von „Heiden aus zweiter Hand“ war auch, eine Biotopvernetzung zwischen den Bahngruben, der Kissinger Heide und den Lechauen herzustellen.

Auf dem kiesigen Grund siedelte sich binnen weniger Jahre der Stängellose Enzian in einer für das Untere Lechtal einzigartigen Dichte an. Gleichzeitig mit dem Enzian blühen im Frühling in großer Zahl die Küchenschelle und der Regensburger Geißklee. Vor allem finden hier viele Arten, auch neue Arten, die auf einen lückigen Pflanzenbestand angewiesen sind, einen Lebensraum. Dazu zählen auch viele nicht auf den ersten Blick erkennbare, aber aus der Sicht des Artenschutzes sehr wertvolle Kleintiere. Ein Experte konnte allein auf diesen „sekundären“ Heiden über 300 Käferarten nachweisen, darunter zwei vom Aussterben bedrohte, sieben stark bedrohte und elf gefährdete Arten der Roten Liste der gefährdeten Tierarten Bayerns.

Dieser beispielhafte Biotopverbund zwischen der Kissinger Heide und den Bahngruben ist aber

Bahngrube bei Kissing

Ausgleichsfläche bei den Bahngruben

durch die geplante „Augsburger Osttangente" bedroht, die Kissing im Westen umfahren soll. Die Straße würde die Bahngruben von der Kissinger Heide und damit von der Lechaue trennen und wäre für viele flugunfähige Wirbellose ein nicht überwindbares Hindernis. Der verbleibende Restlebensraum der Bahngruben, aber auch die Kissinger Heide, wären durch die Emissionen der autobahnähnlichen Straße massiv beeinträchtigt. Ein Überleben der seltenen und empfindlichen Arten wäre damit hochgradig gefährdet. Zudem würde das Straßenprojekt einen ganz besonderen Natur-Erlebnisraum unwiederbringlich zerstören.

Auf den flachgründigen und kiesigen Böden der Ausgleichsfläche siedelten sich sehr bald konkurrenzschwache Arten wie die Buchs-Kreuzblume (links) und wärmeliebende Arten wie der Himmelblaue Bläuling (oben) an.

Der heutige Zustand der Heiden

Man muss kein Experte sein, um die Einzigartigkeit der Artenvielfalt auf den Lechheiden zu erkennen. Bei einem Spaziergang zur Blütezeit über die Königsbrunner und Kissinger Heide (auf ausgewiesenen Pfaden) wird wohl jeder Besucher die Schönheit dieser „Juwelen" erkennen. Auf Schritt und Tritt wird er seltene Pflanzen entdecken, begleitet von gaukelnden Schmetterlingen und dem „Gesang" der Heuschrecken. Dieser Eindruck deckt sich mit den wissenschaftlichen Untersuchungen, die die Heiden als besondere Zentren der Biodiversität, d. h. der biologischen Vielfalt in Bayern ausweisen (siehe dazu Tabelle auf Seite 21–27). Als „Natura 2000-Gebiete" sind ihre europaweite Bedeutung und Schutzwürdigkeit international anerkannt.

Allerdings ist nicht zu übersehen, dass die Heiden sich in den letzten Jahrzehnten mit erheblichen Auswirkungen auf ihre Pflanzen- und Tierwelt verändern. Heute sind zwei Artengruppen der Heiden in ihrem Fortbestand besonders gefährdet. Einmal verschwinden zunehmend hygrophile, d. h. auf Feuchtigkeit angewiesene Arten, und zum anderen werden Pflanzen und Tiere seltener, die auf besondere Strukturen wie kleine Kiesinseln und lückige Vegetationsbereiche angewiesen sind. Letztendlich ist diese Entwicklung auf die vor etwa 100 Jahren erfolgte Verbauung des Lechs zurückzuführen. Dadurch sank nicht nur der Grundwasserstand erheblich. Durch das Ausbleiben reißender Hochwasserfluten entstanden keine Rohbodenflächen mehr, auf denen sich konkurrenzschwache Arten, sogenannte Pionierarten, immer aufs Neue ansiedeln konnten. Aber auch mitten in den Heiden wird das Pflanzenkleid aufgrund des erheblichen Stickstoff-, d. h. Düngereintrags aus der Luft immer dichter und höher. Das Erlöschen der Population der Heideschrecke auf der Königsbrunner Heide, der letzten Population dieser Art in Bayern, in den 1950er Jahren zeigt beispielhaft, dass dieser Prozess seit langem und weitgehend unbeeinflussbar stattfindet. Dr. Fritz Hiemeyer hat dazu den vielzitierten Satz geprägt: „Unsere Heiden altern."

Die Heideschrecke, eine Zeigerart für Standorte mit lückiger Vegetation, erlosch auf der Königsbrunner Heide in den 1950er Jahren.

Erhebliche und im Einzelnen noch gar nicht abschätzbare Auswirkungen auf das Artenspektrum der Heiden wird der Klimawandel mit sich bringen. Neue, wärmeliebende Arten haben sich bereits angesiedelt. Zu befürchten ist aber, dass gerade für die Lechheiden typische Arten erlöschen werden. Trotzdem, oder gerade wegen der generellen Bedrohung der Biodiversität durch den Klimawandel, wird der Wert naturnaher Biotope wie der der Lechheiden in Zukunft weiter steigen.

Neu zugewanderte wärmeliebende Arten: Kurzschwänziger Bläuling (links) und Gemeine Sichelschrecke (rechts)

Zur Pflege der Heiden

Die über Jahrtausende währende Beweidung hat nicht nur das Landschaftsbild, sondern auch die Pflanzen- und Tierwelt der Heiden geprägt. Heute, nach der Aufgabe der traditionellen Wanderschäferei, können die Heiden als Kulturland nur durch Pflegemaßnahmen erhalten werden. Diese Einsicht hat sich allerdings erst spät und nur allmählich durchgesetzt. Gleichsam als Notmaßnahme führte der Naturwissenschaftliche Verein für Schwaben 1966 auf der Königsbrunner Heide eine Mahd ein, nachdem die seit längerem nicht mehr beweidete Heide sich aufzulösen drohte. 1980 begann durch das städtische Amt für Grünordnung und Naturschutz eine regelmäßige Mahd des Zentrums der Heide und ab 1984 eine Aushagerung der Hasenheide. Ähnlich erfolgte auf der Kissinger Heide zunächst eine Mahd durch ehrenamtliche Naturschützer, bis auch hier diese Aufgabe von zuständiger amtlicher Seite übernommen wurde. Bei den neuen Pflegemaßnahmen war die vom Amt für Grünordnung und Naturschutz der Stadt Augsburg geleistete wissenschaftliche Arbeit, auch in Zusammenarbeit mit dem Naturwissenschaftlichen Verein für Schwaben, eine wertvolle Hilfe. Heute sind für die Pflege der Heiden die örtlichen Landschaftspflegeverbände zuständig, für die Königsbrunner Heide der Landschaftspflegeverband Stadt Augsburg und für die Kissinger Heide der Landschaftspflegeverband Aichach-Friedberg, wobei letzterer bei der Pflege der Kissinger Heide in Teilbereichen vom Bund Naturschutz unterstützt wird.

Deutscher Enzian in einem ungemähten Bereich der Heide

Im Vordergrund steht, nachdem eine Beweidung im „Stadtwald Augsburg“ wegen des Trinkwasserschutzes zum größten Teil nicht mehr möglich ist, als wichtigste Maßnahme die vorwiegend im Herbst durchgeführte Mahd. Dabei wird etwa ein Drittel der Fläche alternativ von Jahr zu Jahr von der Mahd ausgenommen. Das dadurch für manchen Besucher als „unordentlich“ empfundene Bild hat also einen fachlichen Grund. Im ungemähten Bereich können sich Pflanzen entfalten, die wie der Deutsche Enzian oder die Gold-Aster erst im Herbst blühen. Zudem finden in den Gräsern und Halmen zahlreiche Insekten und Spinnen geeignete Überwinterungsplätze. Ganz abgesehen davon bieten die

Zahlreiche Kleintiere finden in nicht gemähten Bereichen der Heide einen geeigneten Überwinterungsplatz.

verhaltenen Farben der Halme und Gräser mit letzten Blüten und zahlreichen Spinnennetzen ein für den Herbst typisches Landschaftsbild.

Im Gegensatz zum Kernbereich der Königsbrunner Heide wird die Hasenheide im Sommer durch Schafe zu festgelegten Zeiten beweidet. Im Winter weiden hier Przewalskipferde, die während des Sommers im angrenzenden Wald wichtige „Pflegearbeit“ (= Förderung lichter Kiefernwälder) leisten. Diese doppelte Beweidung durch Schafe und Pferde fördert, wie sich bereits jetzt abzeichnet, die Entwicklung einer strukturreichen „Heidevegetation“, die auch für viele Tierarten entscheidend ist.

Weidegebiet Hasenheide: im Sommer zu festgelegten Zeiten für Schafe und im Winter für Przewalskipferde

Die Heiden – überaus wertvoll, aber auch verletzlich

Unsere Lech-Heiden sind Zeugnisse einer Jahrtausende währenden Landschaftsentwicklung, in der der Wildfluss Lech als Naturgewalt und die Beweidung als kultureller Faktor gleichermaßen eine Rolle spielten. Noch immer weisen sie eine spezifische, d. h. eine europaweit nur ihnen eigene Artenvielfalt auf. Für nicht wenige ihrer Pflanzen und Tiere sind sie – vergleichbar einer Arche Noah – ein letztes Refugium. Zudem sind sie bedeutende Trittsteine in der „Biotopbrücke Lechtal“, die sich entsprechend der Landschaftsentwicklung des Flusstales aufzulösen droht. Gleichzeitig sind die Heiden für viele Menschen auch ein besonderer Erlebnisort. Dabei erfordert ihre Verletzlichkeit Rücksichtnahme wie **die strikte Einhaltung des Wegegebotes und das Anleinen von Hunden**.

Beim Schutz der Heiden, so steht in der Erstauflage des Führers vom Jahr 2002, sind wir alle gefordert. Dem ist mehr als zwei Jahrzehnte später nichts hinzuzufügen.

Neu entstehender Trampelpfad in verletzlichem Terrain

Auf der Heide

Die Schönheit und der Artenreichtum der Heide erschließt sich – sieht man vom Blütenmeer der Sumpf-Gladiole auf der Königsbrunner Heide einmal ab – vor allem bei längerem und intensivem Betrachten.

Dann wird man auch vom Weg aus unscheinbare Pflanzen und eine Vielzahl von kleinen Tieren entdecken. Dabei eröffnen sich neue Welten. Das betrifft nicht nur die Blüten und Fruchtstände, sondern auch zahlreiche kleine Gäste wie Käfer, Bienen oder Fliegen.

Es lohnt sich, die Heiden zu unterschiedlichen Jahreszeiten zu besuchen. Nicht nur der Blütenaspekt, sondern auch die Insektenwelt ändert sich ständig. Und selbst im Winter bietet die Heide bei genauem Hinsehen wunderschöne Bilder.

Auf der Heide: Klebriger Lein, Weidenblättriges Ochsenauge, Feuriger Perlmutterfalter und vieles mehr

Die Pflanzenwelt der Königsbrunner und Kissinger Heide

In dieser Übersicht[1] soll das gesamte Vegetationsspektrum unserer Flächen erfasst werden. Die wissenschaftlichen Bezeichnungen sind zusätzlich vermerkt. Die Sippen der Kissinger Heide konnten dabei nicht völlig erfasst werden.

Verschollene Arten der Königsbrunner Heide werden erwähnt (L. N. = Letzter Nachweis). Der Versuch, die derzeitige Populationsdichte einer Anzahl von bemerkenswerten Pflanzen der Königsbrunner Heide (**KöH**) zu erfassen, wird in der Spalte „**Vork**" unternommen. Die Ziffern stehen für folgende Größenklassen:

1 = 1–10 Exemplare, 2 = 10–100, 3 = 100–1000, 4 = 1.000–10.000, 5 = 10.000–100.000 Exemplare

Nr.	Bresinsky / Müller / Hiemeyer		Bild auf Seite	KöH	Vork	KiH
1	*Acer campestre*	Feld-Ahorn, Maßholder		KöH		
2	*Acer platanoides*	Spitz-Ahorn		KöH		
3	*Achillea millefolium*	Gewöhnliche Schafgarbe		KöH		KiH
4	*Aegopodium podagraria*	Gewöhnlicher Giersch		KöH		KiH
5	*Aesculus hippocastanum*	Gewöhnliche Rosskastanie		KöH		
6	*Agrimonia eupatoria*	Gewöhnlicher Odermennig		KöH		KiH
7	*Agrostis capillaris*	Rot-Straußgras		KöH		KiH
8	*Agrostis gigantea*	Riesen-Straußgras		KöH		KiH
9	*Agrostis stolonifera*	Weißes Straußgras		KöH		KiH
10	*Ajuga reptans*	Kriech-Günsel		KöH		KiH
11	*Albies alba*	Weiß-Tanne		KöH		
12	*Allium carinatum*	Gekielter Lauch	72	KöH	2	KiH
13	*Allium lusitanicum*	Berg-Lauch	79	KöH	3	KiH
14	*Allium oleraceum*	Gemüse-Lauch, Ross-Lauch				KiH
15	*Allium suaveolens*	Duft-Lauch, Wohlriechender Lauch		KöH	4–5	KiH
16	*Alopecurus pratensis*	Wiesen-Fuchsschwanz		KöH		KiH
17	*Anacamptis morio*	Kleines Knabenkraut	47	KöH	2	
18	*Anacamptis pyramidalis*	Pyramiden-Spitzorchis	68	KöH	1	KiH
19	*Anagallis arvensis*	Acker-Gauchheil				KiH
20	*Angelica sylvestris*	Wald-Engelwurz				KiH
21	*Antennaria dioica*	Gew. Katzenpfötchen (L. N. 1990)		KöH		KiH
22	*Anthericum ramosum*	Ästige Graslilie	71	KöH	5	KiH
23	*Anthoxanthum odoratum*	Gewöhnliches Ruchgras		KöH		KiH
24	*Anthriscus sylvestris*	Wiesen-Kerbel		KöH		KiH
25	*Anthyllis vulneraria*	Gewöhnlicher Wundklee	45	KöH		KiH
26	*Aquilegia atrata*	Schwarze Akelei	59	KöH	1	KiH
27	*Aquilegia vulgaris*	Gewöhnliche Akelei		KöH		KiH
28	*Arabis hirsuta*	Behaarte Gänsekresse, Raue Gänsekresse		KöH		KiH
29	*Arenaria serpyllifolia*	Quendel-Sandkraut		KöH		KiH
30	*Arrhenaterum elatius*	Glatthafer		KöH		KiH
31	*Artemisia vulgaris*	Gewöhnlicher Beifuß		KöH		KiH
32	*Asperula cynanchica*	Hügel-Meier	52	KöH		KiH
33	*Asperula tinctoria*	Färber-Meier		KöH	3–4	KiH
34	*Aster amellus*	Berg-Aster	79	KöH	2–3	
35	*Aster bellidiastrum*	Alpenmaßliebchen	49	KöH	1	KiH
36	*Astrantia major*	Große Sterndolde		KöH		KiH
37	*Athyrium filix-femina*	Wald-Frauenfarn		KöH		
38	*Atropa bella-donna*	Tollkirsche		KöH		
39	*Avenochloa pratensis*	Trifthafer		KöH		KiH
40	*Avenula pubescens*	Gewöhnlicher Flaumhafer		KöH		KiH

1 Die Tabelle aus dem Jahr 2002 wurde inhaltlich unverändert übernommen. Angepasst wurden die Pflanzennamen an die aktuell gültige Nomenklatur. Die Zusammenstellung basiert auf Erfassung des Pflanzeninventars durch Andreas Bresinsky, Norbert Müller und Fritz Hiemeyer. Sie belegt einmal die Artenvielfalt der Heiden und ist zum anderen das Ergebnis einer wissenschaftlich beispielgebenden Zusammenarbeit zwischen ehrenamtlichem und amtlichem Naturschutz.

Nr.	Bresinsky / Müller / Hiemeyer		Bild auf Seite	KöH	Vork	KiH
41	*Bartsia alpina*	Alpenhelm (L. N. 1987)		KöH		
42	*Bellis perennis*	Ausdauerndes Gänseblümchen		KöH		
43	*Berberis vulgaris*	Gemeine Berberitze	30	KöH		KiH
44	*Betonica officinalis*	Betonie, Heilziest		KöH		KiH
45	*Betula pendula*	Hänge-Birke		KöH		KiH
46	*Biscutella laevigata*	Glatt-Brillenschötchen	46	KöH	2–3	KiH
47	*Bistorta vivipara*	Knöllchen-Knöterich	61	KöH	1–2	KiH
48	*Botrychium lunaria*	Echte Mondraute		KöH		
49	*Brachypodium rupestre*	Felsen-Zwenke		KöH		KiH
50	*Brachypodium sylvaticum*	Wald-Zwenke		KöH		KiH
51	*Briza media*	Gewöhnliches Zittergras		KöH		KiH
52	*Bromus erectus*	Aufrechte Trespe		KöH		KiH
53	*Bryonia dioica*	Zweihäusige Zaunrübe				KiH
54	*Buphtalmum salicifolium*	Weidenblättriges Ochsenauge	54	KöH	4–5	KiH
55	*Calamagrostis arundinacea*	Wald-Reitgras				KiH
56	*Calamagrostis epigeios*	Land-Reitgras, Waldschilf		KöH		KiH
57	*Calamagrostis varia*	Berg-Reitgras		KöH		KiH
58	*Caltha palustris*	(Ölbach) Sumpf-Dotterblume		KöH		KiH
59	*Campanula glomerata*	Knäuel-Glockenblume	67	KöH		KiH
60	*Campanula patula*	Wiesen-Glockenblume		KöH		KiH
61	*Campanula rotundifolia*	Rundblättrige Glockenblume		KöH		KiH
62	*Capsella bursa-pastoris*	Gewöhnliches Hirtentäschel		KöH		KiH
63	*Cardamine hirsuta*	Behaartes Schaumkraut		KöH		KiH
64	*Carduus defloratus*	Berg-Distel	64	KöH	3	KiH
65	*Carex alba*	Weiße Segge		KöH		KiH
66	*Carex brizoides*	Zittergras-Segge		KöH		KiH
67	*Carex caryophyllea*	Frühlings-Segge		KöH		KiH
68	*Carex digitata*	Finger-Segge		KöH		KiH
69	*Carex ericetorum*	Heide-Segge		KöH		
70	*Carex flacca*	Blaugrüne Segge		KöH		KiH
71	*Carex flava*	Gelbe Segge		KöH		KiH
72	*Carex hostiana*	Saum-Segge		KöH		KiH
73	*Carex humilis*	Erd-Segge, Niedrige Segge	35	KöH		KiH
74	*Carex lepidocarpa*	Schuppenfrüchtige Segge		KöH		KiH
75	*Carex montana*	Berg-Segge		KöH		KiH
76	*Carex nigra*	Wiesen-Segge		KöH		KiH
77	*Carex ornithopoda*	Vogelfuß-Segge		KöH		KiH
78	*Carex panicea*	Hirse-Segge		KöH		KiH
79	*Carex pilulifera*	Pillen-Segge				KiH
80	*Carex sempervirens*	Immergrüne Segge, Horst-Segge		KöH	1–2	KiH
81	*Carex sylvatica*	Wald-Segge		KöH		KiH
82	*Carex tomentosa*	Filz-Segge		KöH		KiH
83	*Carex viridula*	Späte Segge		KöH		KiH
84	*Carlina acaulis*	Stängellose Silberdistel	82	KöH	1–2	KiH
85	*Carlina vulgaris*	Gewöhnliche Golddistel	82	KöH	2	KiH
86	*Carpinus betulus*	Hainbuche		KöH		KiH
87	*Centaurea jacea*	Gewöhnliche Wiesen-Flockenblume	75	KöH		KiH
88	*Centaurea scabiosa*	Scabiosen-Flockenblume	58	KöH		KiH
89	*Centaurium erythraea*	Echtes Tausendgüldenkraut		KöH		KiH
90	*Cerastium arvense*	Acker-Hornkraut		KöH		KiH
91	*Cerastium glomeratum*	Knäuel-Hornkraut		KöH		KiH
92	*Cerastium holosteoides*	Gewöhnliches Hornkraut		KöH		KiH
93	*Cerastium pumilum*	Niedriges Hornkraut		KöH		
94	*Cerastium semidecandrum*	Sand-Hornkraut		KöH		KiH
95	*Chamaecytisus ratisbonensis*	Regensburger Zwergginster (früher: Regensburger Geißklee)	36	KöH	2–3	KiH
96	*Chenopodium album*	Weißer Gänsefuß		KöH		KiH
97	*Circaea lutetiana*	Gewöhnliches Hexenkraut		KöH		
98	*Cirsium arvense*	Acker-Kratzdistel		KöH		KiH
99	*Cirsium palustre*	Sumpf-Kratzdistel				KiH

Nr.	Bresinsky / Müller / Hiemeyer		Bild auf Seite	KöH	Vork	KiH
100	*Cirsium tuberosum*	Knollen-Kratzdistel	73	KöH	4	KiH
101	*Clematis vitalba*	Gewöhnliche Waldrebe		KöH		KiH
102	*Clinopodium vulgare*	Wirbeldost		KöH		KiH
103	*Colchicum autumnale*	Herbst-Zeitlose		KöH		KiH
104	*Convolvulus arvensis*	Acker-Winde		KöH		KiH
105	*Corallorhiza trifida*	Korallenwurz		KöH	1	
106	*Coronilla vaginalis*	Scheiden-Kronwicke	38	KöH	1	
107	*Corylus avellana*	Hasel		KöH		KiH
108	*Cotoneaster horizontalis*	Fächer-Zwergmispel		KöH		
109	*Cotoneaster integerrimus*	Gewöhnliche Zwergmispel		KöH		
110	*Cotoneaster tomentosus*	Filz-Zwergmispel		KöH		
111	*Crataegus monogyna*	Eingriffliger Weißdorn		KöH		KiH
112	*Crepis alpestris*	Alpen-Pippau	43	KöH	3	KiH
113	*Crepis biennis*	Wiesen-Pippau		KöH		KiH
114	*Crepis capillaris*	Kleinköpfiger Pippau				KiH
115	*Crepis praemorsa*	Abbiss-Pippau		KöH	1	KiH
116	*Cytisus nigricans*	Schwarzwerdender Geißklee (L. N. 1990)		KöH		
117	*Dactylis glomerata*	Wiesen-Knäuelgras		KöH		KiH
118	*Danthonia decumbens*	Deizahn		KöH		KiH
119	*Daphne cneorum*	Rosmarin-Seidelbast, Heideröschen	36	KöH		KiH
120	*Daphne mezereum*	Gewöhnlicher Seidelbast		KöH	1	KiH
121	*Daucus carota*	Wilde Möhre		KöH		KiH
122	*Deschampsia cespitosa*	Rasen-Schmiele		KöH		KiH
123	*Dianthus carthusianorum*	Karthäuser-Nelke	67	KöH	2	KiH
124	*Dipsacus fullonum*	Wilde Karde		KöH		
125	*Draba verna*	Frühlings-Hungerblümchen		KöH		
126	*Dryopteris carthusiana*	Gewöhnlicher Dornfarn		KöH		
127	*Dryopteris dilatata*	Breitblättriger Dornfarn		KöH		
128	*Dryopteris filix-mas*	Männlicher Wurmfarn		KöH		
129	*Echium vulgare*	Gewöhnlicher Natternkopf	64	KöH		KiH
130	*Epilobium angustifolium*	Wald-Weidenröschen		KöH		KiH
131	*Epilobium montanum*	Berg-Weidenröschen		KöH		KiH
132	*Epipactis atrorubens*	Rotbraune Ständelwurz		KöH		
133	*Epipactis helleborine*	Breitblättrige Ständelwurz	73	KöH	1	KiH
134	*Epipactis palustris*	Sumpf-Ständelwurz	71	KöH	1–2	KiH
135	*Equisetum arvense*	Acker-Schachtelhalm, Zinnkraut		KöH		KiH
136	*Equisetum meridionale*	Südlicher Schachtelhalm		KöH	3	
137	*Equisetum ramosissimum*	Ästiger Schachtelhalm	74	KöH	2	KiH
138	*Erica carnea*	Schnee-Heide	34	KöH	1	KiH
139	*Erigeron acris*	Scharfes Berufkraut		KöH		KiH
140	*Erigeron canadensis*	Kanadisches Berufkraut		KöH		KiH
141	*Eupatorium cannabinum*	Wasserdost				KiH
142	*Euphorbia cyparissias*	Zypressen-Wolfsmilch		KöH		KiH
143	*Euphorbia verrucosa*	Warzen-Wolfsmilch	65	KöH		KiH
144	*Euphrasia officinalis*	Wiesen-Augentrost		KöH		KiH
145	*Euphrasia picta*	Scheckiger Augentrost		KöH	1–2	KiH
146	*Euphrasia salisburgensis*	Salzburger Augentrost	77	KöH	2	KiH
147	*Euphrasia stricta*	Steifer Augentrost		KöH		KiH
148	*Festuca amethystina*	Amethyst-Schwingel		KöH	1	KiH
149	*Festuca ovina*	Schaf-Schwingel		KöH		KiH
150	*Festuca pratensis*	Wiesen-Schwingel		KöH		KiH
151	*Festuca rubra*	Roter Schwingel		KöH		KiH
152	*Ficaria verna*	Scharbockskraut		KöH		KiH
153	*Filipendula ulmaria*	Echte Mädesüß		KöH		KiH
154	*Filipendula vulgaris*	Kleines Mädesüß	62	KöH	2–3	KiH
155	*Fragaria vesca*	Wald-Erdbeere		KöH		KiH
156	*Frangula alnus*	Faulbaum		KöH		KiH
157	*Galatella linosyris*	Goldaster	83	KöH	4–5	
158	*Galeopsis bifida*	Kleinblütiger Hohlzahn		KöH		
159	*Galeopsis ladanum*	Breitblättriger Hohlzahn		KöH		

Nr.	Bresinsky / Müller / Hiemeyer		Bild auf Seite	KöH	Vork	KiH
160	*Galeopsis speciosa*	Bunter Hohlzahn		KöH		KiH
161	*Galeopsis tetrahit*	Gewöhnlicher Hohlzahn		KöH		KiH
162	*Galium album*	Weißes Labkraut		KöH		KiH
163	*Galium aparine*	Kletten-Labkraut		KöH	1–2	KiH
164	*Galium boreale*	Nordisches Labkraut		KöH		
165	*Galium mollugo*	Wiesen-Labkraut		KöH		KiH
166	*Galium odoratum*	Waldmeister		KöH		
167	*Galium pumilum*	Niedriges Labkraut		KöH		KiH
168	*Galium rotundifolium*	Rundblättriges Labkraut		KöH		KiH
169	*Galium verum*	Echtes Labkraut		KöH		KiH
170	*Genista tinctoria*	Färber-Ginster				KiH
171	*Gentiana asclepiadea*	Schwalbenwurz-Enzian	78	KöH	1	KiH
172	*Gentiana clusii*	Clusius-Enzian, Kalk-Glocken-Enzian	41	KöH	1	KiH
173	*Gentiana cruciata*	Kreuz-Enzian	74	KöH	2	KiH
174	*Gentiana utriculosa*	Schlauch-Enzian (früh. auch Kiss. H.)	43	KöH	1	
175	*Gentiana verna*	Frühlings-Enzian	41	KöH	2	KiH
176	*Gentianella germanica*	Deutscher Kranzenzian	83	KöH	3–4	KiH
177	*Gentianopsis ciliata*	Echter Fransenenzian	86	KöH	1	KiH
178	*Geranium pratense*	Wiesen-Storchschnabel		KöH		KiH
179	*Geranium pusillum*	Kleiner Storchschnabel		KöH		
180	*Geranium pyrenaicum*	Pyrenäen-Storchschnabel		KöH		
181	*Geranium robertianum*	Stinkender Storchschnabel		KöH		KiH
182	*Geum urbanum*	Echte Nelkenwurz		KöH		KiH
183	*Gladiolus palustris*	Sumpf-Siegwurz (früher: Sumpf-Gladiole)	63	KöH	4–5	
184	*Glechoma hederacea*	Gewöhnlicher Gundermann		KöH		KiH
185	*Globularia cordifolia*	Herzblättrige Kugelblume		KöH	1	
186	*Globularia punctata*	Gewöhnliche Kugelblume	37	KöH	2–3	KiH
187	*Gymnadenia conopsea*	Mücken-Händelwurz	58	KöH	3	KiH
188	*Gymnadenia odoratissima*	Duft-Händelwurz (L. N. 1993)		KöH		
189	*Gypsophila repens*	Kriechendes Gipskraut	53	KöH	1–2	KiH
190	*Helianthemum nummularium*	Gewöhnliches Sonnenröschen	52	KöH		KiH
191	*Helictochloa pratensis*	Echter Wiesenhafer		KöH		KiH
192	*Heracleum sphondylium*	Wiesen-Bärenklau		KöH		KiH
193	*Hieracium hoppeanum*	Hoppes Habichtskraut	50	KöH	2	KiH
194	*Hieracium murorum*	Wald-Habichtskraut		KöH		KiH
195	*Hieracium philosella*	Kleines Habichtskraut, Mausöhrchen		KöH		KiH
196	*Hippocrepis comosa*	Hufeisenklee	38	KöH		KiH
197	*Hyoscyamus niger*	Schwarzes Bilsenkraut (L. N. 1967)		KöH		
198	*Hypericum perforatum*	Echtes Johanniskraut		KöH		KiH
199	*Hypochaeris maculata*	Geflecktes Ferkelkraut		KöH	1	
200	*Ilex aquifolium*	Stechpalme		KöH		
201	*Impatiens glandulifera*	Indisches Springkraut		KöH		KiH
202	*Inula hirta*	Rauer Alant	53	KöH	3–4	KiH
203	*Inula salicina*	Weiden-Alant		KöH		KiH
204	*Iris pseudoacorus*	Gelbe Schwertlilie		KöH		KiH
205	*Jacobaea vulgaris*	Jakobs-Greiskraut	76	KöH		KiH
206	*Juncus alpinoarticulatus*	Gebirgs-Binse				KiH
207	*Juncus tenuis*	Zarte Simse		KöH		KiH
208	*Juniperus communis*	Gewöhnlicher Wacholder	31	KöH		KiH
209	*Knautia arvensis*	Wiesen-Witwenblume		KöH		KiH
210	*Knautia maxima*	Wald-Witwenblume		KöH		KiH
211	*Koeleria macrantha*	Zierliches Schillergras		KöH		KiH
212	*Koeleria pyramidata*	Pyramiden-Schillergras		KöH		KiH
213	*Lamium album*	Weiße Taubnessel		KöH		KiH
214	*Lamium maculatum*	Gefleckte Taubnessel		KöH		KiH
215	*Lapsana communis*	Rainkohl		KöH		KiH
216	*Laserpitium latifolium*	Breitblättriges Laserkraut		KöH	2	KiH
217	*Laserpitium siler*	Berg-Laserkraut		KöH	2–3	
218	*Lathyrus pratensis*	Wiesen-Platterbse		KöH		KiH
219	*Leontodon hispidus*	Rauer Löwenzahn		KöH		KiH

Nr.	Bresinsky / Müller / Hiemeyer		Bild auf Seite	KöH	Vork	KiH
220	*Leontodon incanus*	Grauer Löwenzahn	54	KöH	4	KiH
221	*Ligustrum vulgare*	Liguster	33	KöH		KiH
222	*Lilium bulbiferum*	Feuer-Lilie (L. N. 1988)		KöH		
223	*Linaria vulgaris*	Gewöhnliches Leinkraut		KöH		KiH
224	*Linum catharticum*	Wiesen-Lein, Purgier-Lein		KöH		KiH
225	*Linum viscosum*	Klebriger Lein	59	KöH	3	KiH
226	*Listera ovata*	Großes Zweiblatt	49	KöH	1	KiH
227	*Lithospermum officinale*	Echter Steinsame		KöH	1	KiH
228	*Lotus corniculatus*	Gewöhnlicher Hornklee	39	KöH		KiH
229	*Lotus maritimus*	Gelbe Spargelerbse	44	KöH	2	KiH
230	*Luzula campestris*	Gewöhnliche Hainsimse		KöH		KiH
231	*Lysimachia vulgaris*	Gewöhnlicher Gilbweiderich		KöH		KiH
232	*Lythrum salicaria*	Blut-Weiderich				KiH
233	*Mahonia aquifolium*	Gewöhnliche Mahonie		KöH		
234	*Medicago falcata*	Sichelklee, Gelbe Luzerne		KöH		KiH
235	*Medicago lupulina*	Hopfenklee		KöH		KiH
236	*Melampyrum cristatum*	Kamm-Wachtelweizen	66	KiH		
237	*Melica nutans*	Nickendes Perlgras		KöH		KiH
238	*Melilotus albus*	Weißer Steinklee		KöH		KiH
239	*Melilotus altissimus*	Hoher Steinklee		KöH	1	
240	*Microthlaspi perfoliatum*	Stängelumfassendes Hellerkraut		KöH		KiH
241	*Moehringia trinervia*	Dreinervige Nabelmiere		KöH		KiH
242	*Molinia arundinacea*	Rohr-Pfeifengras	77	KöH		KiH
243	*Molinia caerulea*	Blaues Pfeifengras		KöH		KiH
244	*Muscari botryoides*	Kleines Träubel		KöH		
245	*Mycelis muralis*	Mauerlattich		KöH		KiH
246	*Myosotis arvensis*	Acker-Vergißmeinnicht		KöH		KiH
247	*Myosotis ramosissima*	Raues Vergißmeinnicht		KöH		
248	*Neotinea ustulata*	Brand-Knabenkraut	60	KöH	2	KiH
249	*Neottia nidus-avis*	Vogel-Nestwurz	50	KöH	1	KiH
250	*Ononis repens*	Strand-Hauhechel		KöH		KiH
251	*Ononis spinosa*	Dornige Hauhechel	66	KöH		KiH
252	*Ophrys apifera*	Bienen-Ragwurz	56	KöH	1–2	
253	*Ophrys holosericea*	Hummel-Ragwurz	56	KöH	2	KiH
254	*Ophrys insectifera*	Fliegen-Ragwurz	51	KöH	2	KiH
255	*Ophrys sphecodes*	Spinnen-Ragwurz (L. N. 1990)	51	KöH		KiH
256	*Orchis militaris*	Helm-Knabenkraut	42	KöH	1	KiH
257	*Origanum vulgare*	Gewöhnlicher Dost		KöH		KiH
258	*Orobanche caryophyllacea*	Labkraut-Sommerwurz (L. N. 1972)		KöH		
259	*Orobanche gracilis*	Zierliche Sommerwurz	61	KöH	1–2	KiH
260	*Paris quadrifolia*	Einbeere		KöH		
261	*Parnassia palustris*	Sumpf-Herzblatt	78	KöH		KiH
262	*Pastinaca sativa*	Pastinak		KöH		KiH
263	*Petrorhagia saxifraga*	Steinbrech-Felsennelke	62	KöH		
264	*Peucedanum cervaria*	Hirsch-Haarstrang		KöH	1	KiH
265	*Peucedanum oreoselium*	Berg-Haarstrang	69	KöH	4	KiH
266	*Phalaris arundinacea*	Rohr-Glanzgras				KiH
267	*Phragmites australis*	Gewöhnliches Schilf				KiH
268	*Phyteuma orbiculare*	Kugel-Teufelskralle	72	KöH		KiH
269	*Phyteuma spicatum*	Ährige Teufelskralle		KöH	1–2	KiH
270	*Picea abies*	Gewöhnliche Fichte		KöH		KiH
271	*Pimpinella major*	Große Pimpinelle		KöH		KiH
272	*Pimpinella saxifraga*	Kleine Pimpinelle		KöH		KiH
273	*Pinus nigra*	Schwarz-Kiefer		KöH		
274	*Pinus sylvestris*	Föhre, Wald-Kiefer	30	KöH		KiH
275	*Plantago lanceolata*	Spitz-Wegerich		KöH		KiH
276	*Plantago major*	Breit-Wegerich		KöH		KiH
277	*Plantago media*	Mitte-Wegerich		KöH		KiH
278	*Platanthera bifolia*	Kleinblütige Weiße Waldhyazinthe	65	KöH	1	KiH
279	*Platanthera chlorantha*	Berg-Waldhyazinthe		KöH	1	KiH

Nr.	Bresinsky / Müller / Hiemeyer		Bild auf Seite	KöH	Vork	KiH
280	*Poa pratensis ssp. angustifolia*	Wiesen-Rispengras		KöH		KiH
281	*Poa trivialis*	Gewöhnliches Rispengras		KöH		KiH
282	*Polygala amarella*	Sumpf-Kreuzblume	42	KöH		KiH
283	*Polygala chamaebuxus*	Buchs-Kreuzblume	39	KöH	1–2	KiH
284	*Polygala vulgaris*	Gewöhnliche Kreuzblume		KöH		KiH
285	*Polygonatum odoratum*	Salomonsiegel	45	KöH	3	KiH
286	*Potentilla anserina*	Gänse-Fingerkraut		KöH		KiH
287	*Potentilla erecta*	Blutwurz, Aufrechtes Fingerkraut		KöH		KiH
288	*Potentilla heptaphylla*	Rötliches Fingerkraut		KöH		KiH
289	*Potentilla incana*	Sand-Fingerkraut		KöH		
290	*Potentilla indica*	Indische Scheinerdbeere		KöH		
291	*Potentilla neumanniana*	Frühlings-Fingerkraut	35	KöH		KiH
292	*Potentilla reptans*	Kriechendes Fingerkraut		KöH		KiH
293	*Primula elatior*	Hohe Primel		KöH		KiH
294	*Primula farinosa*	Mehl-Primel	40	KöH		KiH
295	*Primula veris*	Wiesen-Primel	37	KöH		KiH
296	*Prunella grandifloria*	Große Braunelle	55	KöH		KiH
297	*Prunella vulgaris*	Kleine Braunelle		KöH		KiH
298	*Prunus avium*	Vogel-Kirsche				KiH
299	*Prunus padus*	Trauben-Kirsche		KöH		KiH
300	*Prunus spinosa*	Schlehe	32	KöH		KiH
301	*Pulsatilla vulgaria*	Gewöhnliche Küchenschelle	34	KöH	2	KiH
302	*Pyrus pyraster*	Wild-Birne		KöH		
303	*Ranunculus acris*	Scharfer Hahnenfuß		KöH		KiH
304	*Ranunculus bulbosus*	Knolliger Hahnenfuß		KöH		KiH
305	*Ranunculus flammula*	Brennender Hahnenfuß (L. N. 1967)		KöH		
306	*Ranunculus montanus*	Berg-Hahnenfuß		KöH	1	
307	*Ranunculus nemorosus*	Wald-Hahnenfuß		KöH		KiH
308	*Ranunculus repens*	Kriechender Hahnenfuß		KöH		KiH
309	*Reseda lutea*	Gelbe Resede		KöH		KiH
310	*Rhamnus saxatilis*	Felsen-Kreuzdorn	31	KöH	1–2	KiH
311	*Rhinanthus alectorolophus*	Zottiger Klappertopf		KöH		KiH
312	*Rhinanthus glacialis*	Begrannter Klappertopf	60	KöH		KiH
313	*Rhinanthus minor*	Kleiner Klappertopf		KöH		KiH
314	*Rhinanthus serotinus*	Großer Klappertopf		KöH		KiH
315	*Ribes rubrum*	Rote Johannisbeere		KöH		
316	*Ribes uva-crispa*	Stachelbeere		KöH		
317	*Rosa canina*	Heckenrose		KöH		KiH
318	*Rosa majalis*	Zimt-Rose		KöH		KiH
319	*Rubus caesius*	Kratzbeere		KöH		KiH
320	*Rubus fruticosus*	Echte Brombeere		KöH		KiH
321	*Rubus idaeus*	Himbeere		KöH		KiH
322	*Rumex acetosa*	Wiesen-Sauer-Ampfer		KöH		KiH
323	*Rumex crispus*	Krauser Ampfer		KöH		KiH
324	*Salix caprea*	Sal-Weide		KöH		KiH
325	*Salix cinerea*	Grau-Weide		KöH		KiH
326	*Salix daphnoides*	Reif-Weide		KöH		KiH
327	*Salix eleagnos*	Lavendel-Weide	33	KöH		KiH
328	*Salix myrsinifolia*	Schwarz-Weide		KöH		KiH
329	*Salix purpurea*	Purpur-Weide	32	KöH		KiH
330	*Salix repens*	Kriech-Weide		KöH		
331	*Salvia pratensis*	Wiesen-Salbei	63	KöH		KiH
332	*Salvia verticillata*	Quirlblütiger Salbei		KöH		KiH
333	*Sanguisorba minor*	Kleiner Wiesenknopf		KöH		KiH
334	*Sanguisorba officinalis*	Großer Wiesenknopf		KöH		KiH
335	*Scabiosa canescens*	Wohlriechende Skabiose	76	KöH	2–3	KiH
336	*Scabiosa columbaria*	Tauben-Skabiose		KöH		KiH
337	*Schoenus ferrugineus*	Rostrotes Kopfriet		KöH		
338	*Schoenus nigricans*	Schwarzes Kopfriet	46	KöH		
339	*Scorzonera humilis*	Niedrige Schwarzwurzel	55	KöH	2	KiH

Nr.	Bresinsky / Müller / Hiemeyer		Bild auf Seite	KöH	Vork	KiH
340	*Scorzoneroides autumnalis*	Herbst-Schuppenlöwenzahn		KöH		KiH
341	*Scrophularia umbrosa*	Flügel-Braunwurz				KiH
342	*Securigera varia*	Bunte Kronwicke		KöH		KiH
343	*Sedum sexangulare*	Milder Mauerpfeffer		KöH		
344	*Selaginella helvetica*	Schweizer Moosfarn	70			KiH
345	*Senecio erucifolius*	Raukenblättriges Greiskraut		KöH		KiH
346	*Serratula tinctoria*	Färber-Scharte	74	KöH		KiH
347	*Seseli annuum*	Steppen-Fenchel		KöH	3	
348	*Sesleria coerulea*	Kalk-Blaugras		KöH		KiH
349	*Silaum silaus*	Wiesensilge		KöH		KiH
350	*Silene nutans*	Nickendes Leimkraut		KöH		KiH
351	*Solidago canadensis*	Kanadische Goldrute		KöH		KiH
352	*Solidago gigantea*	Späte Goldrute		KöH		KiH
353	*Sonchus arvensis*	Acker-Gänsedistel				KiH
354	*Sonchus asper*	Raue Gänsedistel		KöH		KiH
355	*Succisa pratensis*	Gewöhnlicher Teufelsabbiss	81	KöH		KiH
356	*Tanacetum corymbosum*	Gewöhnliche Straußmargerite		KöH		KiH
357	*Tanacetum vulgare*	Rainfarn		KöH		KiH
358	*Taraxacum sect. Ruderalia*	Gewöhnlicher Löwenzahn		KöH		KiH
359	*Teucrium montanum*	Berg-Gamander	68	KöH	2	KiH
360	*Thalictrum aquilegifolium*	Akeleiblättrige Wiesenraute	48	KöH	1	KiH
361	*Thalictrum simplex ssp. Galioides*	Labkraut-Wiesenraute	69	KöH		KiH
362	*Thesium linophyllon*	Mittleres Leinblatt		KöH	1–2	KiH
363	*Thesium pyrenaicum*	Wiesen-Leinblatt		KöH	1	KiH
364	*Thesium rostratum*	Geschnäbeltes Leinblatt	44	KöH	2–3	KiH
365	*Thymus praecox*	Frühblühender Thymian	47	KöH		KiH
366	*Tilia cordata*	Winter-Linde		KöH		
367	*Tofieldia calyculata*	Gewöhnliche Simsenlilie	80	KöH		KiH
368	*Tragopogon minor*	Kleinblütiger Bocksbart		KöH		
369	*Tragopogon orientalis*	Orientalischer Wiesen-Bocksbart		KöH		KiH
370	*Trifolium medium*	Mittlerer Klee		KöH		KiH
371	*Trifolium montanum*	Berg-Klee	48	KöH		KiH
372	*Trifolium pratense*	Wiesen-Klee		KöH		KiH
373	*Trifolium repens*	Weiß-Klee		KöH		KiH
374	*Trisetum flavescens*	Gewöhnlicher Goldhafer		KöH		KiH
375	*Tussilago farfara*	Huflattich		KöH		KiH
376	*Urtica dioica*	Große Brennnessel		KöH		KiH
377	*Valeriana dioica*	Sumpf-Baldrian		KöH		
378	*Valeriana officinalis*	Arznei-Baldrian		KöH		KiH
379	*Veronica chamaedrys*	Gamander-Ehrenpreis		KöH		KiH
380	*Veronica officinalis*	Wald-Ehrenpreis		KöH		KiH
381	*Veronica persica*	Persischer Ehrenpreis		KöH		KiH
382	*Veronica serpyllifolia*	Quendel-Ehrenpreis		KöH		KiH
383	*Veronica spicata*	Ähriger Ehrenpreis	80	KöH		
384	*Veronica teucrium*	Großer Ehrenpreis		KöH		
385	*Viburnum lantana*	Wolliger Schneeball		KöH		KiH
386	*Vicia cracca*	Vogel-Wicke		KöH		KiH
387	*Vicia hirsuta*	Behaarte Wicke		KöH		KiH
388	*Vicia tenuifolia*	Schmalblättrige Wicke (L. N. 1990)		KöH		KiH
389	*Vincetoxicum hirundinaria*	Weiße Schwalbenwurz		KöH		KiH
390	*Viola bavarica*	Bayerisches Veilchen		KöH		KiH
391	*Viola hirta*	Rauhaariges Veilchen		KöH		KiH
392	*Viola odorata*	März-Veilchen		KöH		KiH
393	*Viola rupestris*	Sand-Veilchen		KöH		

Zu den Bildern

Es wäre selbst in einem umfangreichen Buch nicht annähernd möglich, alle Arten der Heiden darzustellen. Für die Auswahl der Abbildungen waren deshalb zwei Kriterien entscheidend. Einmal sollte die abgebildete Art für den „Lebensraum Lechheide" charakteristisch sein. Zum anderen sollte man die Pflanzen und Tiere ohne Störung anderer Arten vom Pfad aus leicht entdecken können. Deshalb ist es unvermeidlich, dass mancher Besucher gerade seine Lieblingspflanze oder seinen Lieblingsschmetterling im Führer nicht finden wird. Wenn beispielsweise bei den Schwebfliegen, Wildbienen oder Libellen lediglich ein oder zwei Vertreter erwähnt werden, soll dadurch das Interesse des Lesers zum Beobachten oder zum intensiveren Studium dieser Tiergruppen geweckt werden.

Die Pflanzen[1] sind in der Regel in der Reihenfolge ihrer Blütezeit und die Insekten nach dem Hauptvorkommen als Imagines, d. h. als ausgereifte Insekten abgebildet. Auf einer seitlich angefügten Farbleiste ist der jeweilige Zeitraum leicht zu erkennen. Ein kurzer Begleittext führt die zugehörige Familie der Art auf, zusätzlich bei den Pflanzen deren Hauptverbreitungsgebiet und/oder die Zone, aus der sie stammen. Damit soll auch deutlich werden, worauf im einleitenden Text bereits hingewiesen wurde: Auf unseren Heiden trifft sich die Welt.

Alle abgebildeten Arten leben auf den Heiden. Oberste Prämisse beim Fotografieren der Pflanzen und Tiere war die Vermeidung von Störungen jeglicher Art. Deshalb wurden die Aufnahmen vom Weg oder ausgewiesenen Pfad aus oder im Rahmen von Kartierungsarbeiten gemacht.

Ganz bewusst stammen nicht wenige Bilder auch aus sogenannten Sekundärbiotopen, wie aus alten Kiesgruben, von Lechdämmen oder vom Wegrand im Stadtwald.

1 Für die Namensgebung der Pflanzen haben wir (mit Ausnahme der Tabelle S. 21–27) die aktuelle Version gewählt: https://www.kp-buttler.de/florenliste/index.htm. Da bei einigen sehr bekannten Pflanzen die alte Bezeichnung noch immer sehr vertraut ist, haben wir zusätzlich auch diese Bezeichnung angeführt.

„Naturfotografen" haben um ihr Fotoobjekt auf der Heide ein Bild der Verwüstung hinterlassen.

Jan
Feb
Mär
Apr
Mai
Jun
Jul
Aug
Sep
Okt
Nov
Dez

Wald-Kiefer (*Pinus sylvestris*) | Kieferngewächse
eurasisch | Mai bis Juni

Charakterbaum des Lechfeldes (vgl. S. 6).

Jan
Feb
Mär
Apr
Mai
Jun
Jul
Aug
Sep
Okt
Nov
Dez

Gewöhnliche Berberitze (*Berberis vulgaris*) | Berberitzengewächse
submediterran, kontinental | Mai

Schützt sich mit scharfen Dornen vor Verbiss durch Weidevieh. Auffallend sind die faulig riechenden Blütenstände im Frühjahr und die kleinen scharlachroten Früchte im Herbst.

Felsen-Kreuzdorn (*Rhamnus saxatilis*) | Kreuzdorngewächse (mit Rosmarin-Seidelbast)
submediterran, kontinental | Juni

Kleinstrauch mit landesweit auf das Lech- und Isartal konzentriertem Vorkommen.

Gewöhnlicher Wacholder (*Juniperus communis*) | Zypressengewächse
In der nördlichen Hemisphäre das am weitesten verbreitete Nadelgehölz. | ca. April bis Juni

Bestände werden durch Beweidung gefördert (Schutz vor Verbiss durch stachelige Blätter).

Jan
Feb
Mär
Apr
Mai
Jun
Jul
Aug
Sep
Okt
Nov
Dez

Purpur-Weide
(*Salix purpurea*) | Weidengewächse
eurasisch | März bis April

Am Waldsaum. Mit den männlichen, zunächst purpurnen und später gelben Kätzchen ist der zweihäusige Strauch besonders im Frühling auffällig.

Jan
Feb
Mär
Apr
Mai
Jun
Jul
Aug
Sep
Okt
Nov
Dez

Schlehe (*Prunus spinosa*) | Rosengewächse
eurasisch, kontinental | April bis Mai

Im Frühling lockt der Strauch mit seinen weißen Blüten Insekten und im Herbst und Winter mit seinen blauschwarzen Steinfrüchten Vögel an.

Jan
Feb
Mär
Apr
Mai
Jun
Jul
Aug
Sep
Okt
Nov
Dez

Gewöhnlicher Liguster (*Ligustrum vulgare*) | Ölbaumgewächse
eurasisch, kontinental | Mai bis Juli

Die stark duftenden weißen Blüten ziehen viele Insekten und die schwarzen Früchte im Herbst und Winter viele Vögel an.

Jan
Feb
Mär
Apr
Mai
Jun
Jul
Aug
Sep
Okt
Nov
Dez

Lavendel-Weide
(*Salix eleagnos*) | Weidengewächse
submediterran, kontinental | April bis Mai

Selten am Waldsaum. Auffallend sind im Frühling die 3 bis 5 cm langen gelben männlichen Kätzchen des zweihäusigen Strauchs. Kleines Bild: weibliches Kätzchen.

Jan
Feb
Mär
Apr
Mai
Jun
Jul
Aug
Sep
Okt
Nov
Dez

Schnee-Heide (*Erica carnea*) | Heidekrautgewächse
dealpin | Februar bis April

Zwergstrauch. Vereinzelt, vor allem am Waldrand. Die Blütezeit beginnt, worauf der deutsche Name hinweist, im Winter.

Jan
Feb
Mär
Apr
Mai
Jun
Jul
Aug
Sep
Okt
Nov
Dez

Gewöhnliche Küchenschelle (*Pulsatilla vulgaris*) | Hahnenfußgewächse
kontinental | März bis April

Zerstreut auf beiden Heiden, abnehmend. Häufiger auf der Ausgleichsfläche bei den Bahngruben.

Erd-Segge (*Carex humilis*) | Riedgrasgewächse
kontinental | März bis April

Besonders auf trockenen Standorten Bulte bildend, bis 40 cm tief wurzelnd (Bild: Ausgleichsfläche).

Jan Feb Mär Apr Mai Jun Jul Aug Sep Okt Nov Dez

Frühlings-Fingerkraut (*Potentilla neumanniana*) | Rosengewächse
kontinental | März bis Mai

Besonders an mageren und trockenen Standorten der Heiden.

Jan
Feb
Mär
Apr
Mai
Jun
Jul
Aug
Sep
Okt
Nov
Dez

Rosmarin-Seidelbast („*Heideröschen*") (*Daphne cneorum*) | Seidelbastgewächse
submediterran | April bis Mai

Stark duftender Zwergstrauch, der als eine der am frühesten blühenden Pflanzen beider Heiden besonders Schmetterlinge anlockt (S. 86).

Jan
Feb
Mär
Apr
Mai
Jun
Jul
Aug
Sep
Okt
Nov
Dez

Regensburger Geißklee (*Chamaecytisus ratisbonensis*) | Schmetterlingsblütler
kontinental | April bis Mai

Auf beiden Heiden auf mageren Böden trocken-warmer Standorte, besonders verbreitet auf der Ausgleichsfläche. Das Lechtal bildet die Westgrenze der Verbreitung der Art.

Jan
Feb
Mär
Apr
Mai
Jun
Jul
Aug
Sep
Okt
Nov
Dez

Wiesen-Primel, früher: Echte Schlüsselblume (*Primula veris*) | Primelgewächse
eurasisch, kontinental | April bis Mai

Vor allem auf der Kissinger Heide stellenweise verbreitet.

Jan
Feb
Mär
Apr
Mai
Jun
Jul
Aug
Sep
Okt
Nov
Dez

Gewöhnliche Kugelblume (*Globularia punctata*) | Kugelblumengewächse
submediterran | April bis Mai

Auf trockenen, flachgründigen Böden auf beiden Heiden.

Scheiden-Kronwicke (*Coronilla vaginalis*) | Schmetterlingsblütler
dealpin | Mai

Im Voralpenland ist ihr Vorkommen vor allem auf das Lechtal konzentriert. Sehr selten geworden.

Hufeisenklee (*Hippocrepis comosa*) | Schmetterlingsblütler
alpin, submediterran | Mai bis Juli

Hier auf der Ausgleichsfläche. Raupenwirtspflanze des Himmelblauen Bläulings (S. 92), des Silbergrünen Bläulings (S. 99) und des Hufeisenklee-Gelblings (S. 93).

Jan
Feb
Mär
Apr
Mai
Jun
Jul
Aug
Sep
Okt
Nov
Dez

Buchs-Kreuzblume, auch **Zwergbuchs** (*Polygala chamaebuxus*) | Kreuzblumengewächse
dealpin | Mai

Immergrüne Pflanze, die nur von Hummeln bestäubt wird. Sehr zerstreut auf beiden Heiden und auf der Ausgleichsfläche (Bild).

Jan
Feb
Mär
Apr
Mai
Jun
Jul
Aug
Sep
Okt
Nov
Dez

Gewöhnlicher Hornklee (*Lotus corniculatus*) | Schmetterlingsblütler
submediterran | Mai bis August

Anpassung an sehr trockene Böden durch bis zu 1 m tiefe Wurzeln. Bestäubung hauptsächlich durch Wildbienen.

Jan
Feb
Mär
Apr
Mai
Jun
Jul
Aug
Sep
Okt
Nov
Dez

Mehl-Primel (*Primula farinosa*) | Primelgewächse
praealpin | Mai

Auf feuchten Stellen beider Heiden, selten geworden.

Jan
Feb
Mär
Apr
Mai
Jun
Jul
Aug
Sep
Okt
Nov
Dez

Schopfige Kreuzblume
(*Polygala comosa*) | Kreuzblumengewächse
subkontinental | April bis Juli

Auf beiden Heiden nicht selten. Steigt in den Alpen bis auf 2.200 m Meereshöhe.

Clusius-Enzian oder Stängelloser Kalk-Glockenenzian (*Gentiana clusii*) | Enziangewächse
dealpin | April bis Mai

Zahlreich an einer Stelle der Kissinger Heide und besonders zahlreich auf der Ausgleichsfläche (Bild).

Frühlings-Enzian (*Gentiana verna*) | Enziangewächse
dealpin | April bis Mai

Auf beiden Heiden sehr selten geworden.

Jan Feb Mär **Apr** **Mai** Jun Jul Aug Sep Okt Nov Dez

Sumpf-Kreuzblume (*Polygala amarella*) | Kreuzblumengewächse
kontinental, submediterran | Mai bis Juni

Sehr zerstreut auf beiden Heiden, nicht nur an feuchten Stellen.

Helm-Knabenkraut
(*Orchis militaris*) | Orchideen
submediterran | Mai bis Juni

Früher die häufigste Orchidee der Lechheiden. Heute auf der Kissinger Heide selten, auf der Königsbrunner Heide sehr selten (häufig dagegen auf den Lechdämmen).

Schlauch-Enzian
(*Gentiana utriculosa*) | Enziangewächse
dealpin | Mai

Die im ganzen Voralpenland sehr seltene Art drang am Lech bis zur Donau vor. Nur sehr vereinzelt auf der Königsbrunner Heide.

Alpen-Pippau (*Crepis alpestris*) | Korbblütler
dealpin | Mai bis Juni

Zerstreut auf beiden Heiden.

Jan
Feb
Mär
Apr
Mai
Jun
Jul
Aug
Sep
Okt
Nov
Dez

Geschnäbeltes Leinblatt (*Thesium rostratum*) | Sandelholzgewächse
dealpin | Mai bis Juni

Ein Halbschmarotzer (Hemiparasit), der die Wurzeln benachbarter Pflanzenarten anzapft. Auf beiden Heiden und in lichten Kiefernwäldern des „Stadtwald Augsburg" (auf dem Bild mit Rosmarin-Seidelbast).

Jan
Feb
Mär
Apr
Mai
Jun
Jul
Aug
Sep
Okt
Nov
Dez

Gelbe Spargelerbse (*Lotus maritimus, früher: Tetragonolobus maritimus*) | Schmetterlingsblütler
eurasisch, submediterran | Mai bis Juni

Auf beiden Heiden zerstreut auf wenigstens im Frühling feuchten Böden. Hier links neben Hufeisenklee.

Jan
Feb
Mär
Apr
Mai
Jun
Jul
Aug
Sep
Okt
Nov
Dez

Wundklee (*Anthyllis vulneraria*) | Schmetterlingsblütler
submediterran | Mai bis Juli

Häufig besonders auf der Königsbrunner Heide. Raupenwirtspflanze des Zwerg-Bläulings (S. 88) (kleines Bild mit Taubenschwänzchen).

Jan
Feb
Mär
Apr
Mai
Jun
Jul
Aug
Sep
Okt
Nov
Dez

Salomonssiegel, auch **Wohlriechende Weißwurz** (*Polygonatum odoratum*) | Mäusedorngewächse
kontinental | Mai bis Juni

Wegen seiner leicht duftenden weißen Blüten unverkennbar. Auf beiden Heiden.

Jan
Feb
Mär
Apr
Mai
Jun
Jul
Aug
Sep
Okt
Nov
Dez

Glatt-Brillenschötchen (*Biscutella laevigata*) | Kreuzblütler
dealpin | Mai bis Juni

Der deutsche Name bezieht sich auf die brillenförmigen Schoten (kleines Bild).

Jan
Feb
Mär
Apr
Mai
Jun
Jul
Aug
Sep
Okt
Nov
Dez

Schwarzes Kopfried
(*Schoenus nigricans*) | Sauergrasgewächse
subalpin | Mai bis Juli

Immergrüne Pflanze. Vor allem in feuchteren alten Flutmulden.

Jan
Feb
Mär
Apr
Mai
Jun
Jul
Aug
Sep
Okt
Nov
Dez

Kleines Knabenkraut (*Anacamptis morio, früher: Orchis morio*) | Orchideen
submediterran | Mai bis Juni

Die im Gebiet am frühesten blühende Orchidee. Farbverschiedene Exemplare. Besonders in der Kernzone der Königsbrunner Heide, auf der Hasenheide und in den Bahngruben verbreitet.

Jan
Feb
Mär
Apr
Mai
Jun
Jul
Aug
Sep
Okt
Nov
Dez

Frühblühender Thymian (*Thymus praecox*) | Lippenblütler
kontinental | Mai bis Juli

Besonders auf trockenen, flachgründigen Stellen. Stark duftend. Ausgeprägte Bienenweide.

Jan Feb Mär Apr **Mai** **Jun** Jul Aug Sep Okt Nov Dez

Akeleiblättrige Wiesenraute (*Thalictrum aquilegiifolium*) | Hahnenfußgewächse
submediterran | Mai bis Juni

Selten auf beiden Heiden. Bietet Insekten Pollen, aber keinen Nektar.

Jan Feb Mär Apr **Mai** **Jun** Jul Aug Sep Okt Nov Dez

Berg-Klee (*Trifolium montanum*) | Schmetterlingsblütler
submediterran | Mai bis Juni

Auf beiden Heiden häufig.

Alpenmaßliebchen (*Bellidiastrum michelii, früher: Aster bellidiastrum*) | Korbblütler
dealpin | Mai bis Juni

Auf beiden Heiden sehr selten geworden.

Jan Feb Mär Apr Mai Jun Jul Aug Sep Okt Nov Dez

Großes Zweiblatt
(*Neottia ovata, früher: Listera ovata*) |
Orchideen
submediterran | Mai bis Juni

Auf beiden Heiden nicht selten. Bestäubung erfolgt hauptsächlich durch Schlupfwespen und Käfer.

Hoppes Habichtskraut

(*Hieracium hoppeanum*) | Korbblütler
dealpin | Mai bis Juli

Das Vorkommen der seltenen Art beschränkt sich im Voralpenland fast nur auf das Lechtal. Besonders verbreitet auf der Hasenheide.

Vogel-Nestwurz

(*Neottia nidus-avis*) | Orchideen
submediterran | Mai bis Juni

Schmarotzer, der auf einem Pilz parasitiert. Braucht von der Keimung bis zur Blühreife etwa neun Jahre. Auf beiden Heiden unter Gehölz. Selten.

Jan
Feb
Mär
Apr
Mai
Jun
Jul
Aug
Sep
Okt
Nov
Dez

Spinnen-Ragwurz

(*Ophrys sphegodes*) | Orchideen
submediterran | Juni

Stark abnehmend; nur noch sehr selten.

Jan
Feb
Mär
Apr
Mai
Jun
Jul
Aug
Sep
Okt
Nov
Dez

Fliegen-Ragwurz

(*Ophrys insectifera*) | Orchideen
submediterran | Mai bis Juni

Von Jahr zu Jahr unterschiedlich häufig. Bestäubung neben Selbstbestäubung durch Pseudokopulation mit der Ragwurz-Zikadenwespe (vgl. S. 57).

Jan Feb Mär Apr **Mai** **Jun** **Jul** **Aug** Sep Okt Nov Dez

Hügel-Meier (*Asperula cynanchica*) | Rötegewächse
submediterran | Mai bis August

Breitet sich in kleinen Bulten aus. Die kleinen Blüten sind vierspaltig. Auf beiden Heiden häufig.

Jan Feb Mär Apr **Mai** **Jun** **Jul** **Aug** Sep Okt Nov Dez

Gewöhnliches Sonnenröschen (*Helianthemum nummularium*) | Zistrosengewächse
submediterran | Mai bis August

Immergrüne Pflanze. Besondere Anpassung an Trockenstandorte durch derbe „Lederblätter“ mit glänzender Blattoberseite. Raupenwirtspflanze des Grünen Zipfelfalters (S. 87).

Rauer Alant (*Pentanema hirtum, früher: Inula hirta*) | Korbblütler
kontinental | Juni bis Juli

Meist in dichtem Bestand. Blätter und Stängel sind „rau“ behaart.

Kriechendes Gipskraut (*Gypsophila repens*) | Nelkengewächse
dealpin | Juni bis Juli

Stammt von alpinen Kalkschutthalden (bis auf 2.300 m Meereshöhe). Auf beiden Heiden liegt das nördlichste Vorkommen.

Jan Feb Mär Apr Mai **Jun** **Jul** Aug Sep Okt Nov Dez

Jan
Feb
Mär
Apr
Mai
Jun
Jul
Aug
Sep
Okt
Nov
Dez

Grauer Löwenzahn

(*Leontodon incanus*) | Korbblütler
dealpin | Juni bis Juli

Auf beiden Heiden. Steigt in den Allgäuer Alpen bis auf 2.100 m Meereshöhe.

Jan
Feb
Mär
Apr
Mai
Jun
Jul
Aug
Sep
Okt
Nov
Dez

Weidenblättriges Ochsenauge (*Buphthalmum salicifolium*) | Korbblütler

praealpin | Juni bis August

Verbreitet auf den Lechheiden. Wegen der langen Blütezeit wichtige Nektarpflanze für Schmetterlinge, Wildbienen und Schwebfliegen.

Niedrige Schwarzwurzel
(*Scorzonera humilis*) | Korbblütler
kontinental | Juni

Auf beiden Heiden sehr zerstreut.

Große Braunelle (*Prunella grandiflora*) | Lippenblütler
kontinental | Juni bis August, vereinzelt bis in den Herbst

Zerstreut auf beiden Heiden.

Jan
Feb
Mär
Apr
Mai
Jun
Jul
Aug
Sep
Okt
Nov
Dez

Hummel-Ragwurz
(*Ophrys holoserica*) | Orchideen
submediterran | Juni

Auf beiden Heiden unterschiedlich häufig von Jahr zu Jahr.

Jan
Feb
Mär
Apr
Mai
Jun
Jul
Aug
Sep
Okt
Nov
Dez

Bienen-Ragwurz (*Ophrys apifera*) | Orchideen
submediterran | Juni bis Juli

In den letzten Jahren deutliche Zunahme und Ausbreitung.

Da Ragwurz-Arten keinen Nektar bieten, haben sie zum Anlocken von Insekten einen raffinierten Trick erfunden. Ihre Blüten verführen die Männchen bestimmter Insektenarten mit sexuellen Reizen. Dazu verströmen sie einen Duftstoff, der weitgehend dem Sexual-Duftstoff der weiblichen Insekten entspricht, und mit der Lippe ihrer Blüten ahmen sie das entsprechende Insekten-Weibchen nach. Die so angelockten Insekten-Männchen versuchen mit dem vermeintlich paarungswilligen Weibchen zu kopulieren, wobei sich bei dieser Pseudokopulation ein Pollenpaket (Pollinium) an sie heftet. Dieses Pollinium setzen sie bei der nächsten Blüte, vom gleichen Trick verleitet, auf die Narbe ab. Dadurch ist die Bestäubung auf eine höchst kuriose Weise gewährleistet.

Bei uns locken die Blüten der Hummel-Ragwurz die Männchen der Ameisen-Schwebfliege und des Gartenlaubkäfers an, die Blüten der Fliegen-Ragwurz die Männchen der Ragwurz-Zikadenwespe. Die Bienen-Ragwurz hat dagegen (noch) keinen „Partner" gefunden. Sie befruchtet sich ausschließlich durch Selbstbestäubung.

1

2

3

4

1 Ein Männchen der Ameisen-Schwebfliege hat bei der Pseudokopulation mit der Blüte einer Hummel-Ragwurz ein Pollenpaket (Pollinium) übernommen.

2 Gartenlaubkäfer nach der Pseudokopulation mit zwei Pollinien.

3 Selbstbestäubung der Bienen-Ragwurz.

4 Ein Männchen der Ragwurz-Zikadenwespe bei der Pseudokopulation mit der Blüte einer Fliegen-Ragwurz.

Jan
Feb
Mär
Apr
Mai
Jun
Jul
Aug
Sep
Okt
Nov
Dez

Mücken-Händelwurz
(*Gymnadenia conopsea*) | Orchideen
submediterran | Juni bis August
Zahlreich auf beiden Heiden.

Jan
Feb
Mär
Apr
Mai
Jun
Jul
Aug
Sep
Okt
Nov
Dez

Skabiosen-Flockenblume (*Centaurea scabiosa*) | Korbblütler
submediterran | Juni bis August
Wichtige Bienenweide. Wurzelt bis 2 m tief.

Klebriger Lein (*Linum viscosum*) | Leingewächse
submediterran | Juni bis Juli

Vorkommen im Voralpenland bis auf wenige weitere Standorte auf das Lechtal konzentriert. Die Art hat sich hier in den letzten Jahren vermehrt.

Jan Feb Mär Apr Mai **Jun** **Jul** Aug Sep Okt Nov Dez

Schwarzviolette Akelei (*Aquilegia atrata*) | Hahnenfußgewächse
praealpin | Juni bis Juli

Vereinzelt auf den Heiden, vor allem in lichten angrenzenden Wäldern.

Jan Feb Mär Apr Mai **Jun** **Jul** Aug Sep Okt Nov Dez

Begrannter Klappertopf

(*Rhinanthus glacialis*) | Sommerwurzgewächse
eurasisch | Juni

Halbparasit. Zerstreut auf den Heiden.

Brand-Knabenkraut

(*Neotinea ustulata, früher: Orchis ustulata*) | Orchideen
submediterran | Juni

Teilweise in kleinen Gruppen stehend. Von Jahr zu Jahr in wechselnder Häufigkeit.

Zierliche Sommerwurz

(*Orobanche gracilis*) | Sommerwurzgewächse
kontinental | Juni bis August

Vollschmarotzer, parasitiert vor allem auf Horn- und Hufeisenklee. Farbe hellgelb bis dunkelbraun, der Schlund ist immer blutrot.

Knöllchen-Knöterich

(*Bistorta vivipara*) | Knöterichgewächse
dealpin | Juni bis Juli

Aus Brutknospen unter dem Blütenstand entwickeln sich kleine Pflänzchen, die auf den Boden fallen und austreiben (daher „vivipara“ = lebend gebärend).

Jan
Feb
Mär
Apr
Mai
Jun
Jul
Aug
Sep
Okt
Nov
Dez

Kleines Mädesüß
(*Filipendula vulgaris*) | Rosengewächse
eurasisch, mediterran | Juni bis Juli

Zerstreut auf beiden Heiden.

Jan
Feb
Mär
Apr
Mai
Jun
Jul
Aug
Sep
Okt
Nov
Dez

Steinbrech-Felsennelke (*Petrorhagia saxifraga*) | Nelkengewächse
submediterran | Juni bis August

Auf trockenen Stellen der Hasenheide.

Sumpf-Gladiole
(*Gladiolus palustris*) | Schwertlilien-gewächse
submediterran | Juni bis Juli

In niederschlagsreichen Jahren Tausende auf der Königsbrunner Heide. Die Art breitet sich aktuell im Stadtwald aus; neuerdings auch auf der Kissinger Heide.

Wiesen-Salbei (*Salvia pratensis*) | Lippenblütler
submediterran | Juni bis August

Vor allem auf der Hasenheide.

Gewöhnlicher Natternkopf (*Echium vulgare*) | Raublattgewächse
submediterran | Juni bis August

Vor allem auf der Hasenheide. Ausgeprägte „Bienenweide".

Berg-Distel
(*Carduus defloratus*) | Korbblütler
dealpin | Juni bis Juli

Zerstreut auf den Heiden.

Kleinblütige Weiße Waldhyazinthe (*Platanthera bifolia*) | Orchideen
submediterran | Juni bis Juli

Diese Orchidee (li. Bild) blüht wie die ihr verwandte und etwas später blühende Grünliche Waldhyazinthe (*Platanthera chlorantha*) auf beiden Heiden.

Warzen-Wolfsmilch (*Euphorbia verrucosa*) | Wolfsmilchgewächse
kontinental | Juni

Zerstreut auf den Heiden. Seltener als die Zypressen-Wolfsmilch. Raupenwirtspflanze des Wolfsmilchschwärmers.

Jan Feb Mär Apr Mai Jun Jul Aug Sep Okt Nov Dez

Dornige Hauhechel (*Ononis spinosa*) | Schmetterlingsblütler
kontinental | Juni bis Juli

Zerstreut auf beiden Heiden.

Jan Feb Mär Apr Mai Jun Jul Aug Sep Okt Nov Dez

Kamm-Wachtelweizen (*Melampyrum cristatum*) | Sommerwurzgewächse
submediterran | Juni bis August

Kommt südlich der Donau vor allem im Lechtal vor.

Karthäuser-Nelke (*Dianthus carthusianorum*) | Nelkengewächse
submediterran | Juni bis August

Auf der Hasenheide, der Kissinger Heide und in den Bahngruben.

Knäuel-Glockenblume
(*Campanula glomerata*) | Glockenblumengewächse
submediterran | Juni bis August

Zerstreut auf den Heiden.

Jan
Feb
Mär
Apr
Mai
Jun
Jul
Aug
Sep
Okt
Nov
Dez

Pyramiden-Hundswurz (*Anacamptis pyramidalis*) | Orchideen
submediterran | Juni bis Juli

Scheint sich in den letzten Jahren auszubreiten. Die Blüten der Orchidee sind im Unteren Lechtal im Vergleich zu anderweitigen Populationen (rechtes Bild) auffallend dunkel.

Berg-Gamander (*Teucrium montanum*) | Lippenblütler
submediterran | Juni bis August

Selten auf beiden Heiden. Als konkurrenzschwache Art auf offene Böden angewiesen.

Jan Feb Mär Apr Mai **Jun** **Jul** **Aug** Sep Okt Nov Dez

Berg-Haarstrang (*Peucedanum oreoselinum*) | Doldenblütler
submediterran, kontinental | Juni bis August

Zahlreich auf den Heiden. Bis 1 m hoch. Raupenwirtspflanze des Schwalbenschwanzes. Kleines Bild: Ei des Schwalbenschwanzes auf Berg-Haarstrang.

Jan Feb Mär Apr Mai **Jun** **Jul** Aug Sep Okt Nov Dez

Labkraut-Wiesenraute
(*Thalictrum simplex ssp. galioides*) |
Hahnenfußgewächse
submediterran, kontinental | Juni bis Juli

Selten auf beiden Heiden.

Jan Feb Mär Apr Mai **Jun** **Jul** Aug Sep Okt Nov Dez

Schweizer Moosfarn (*Selaginella helvetica*) | Moosfarngewächse
submediterran | Juni bis Juli

Zerstreut auf offenen Stellen der Kissinger Heide. Bis zu 8 cm hohe sporentragende Triebe.

Jan Feb Mär **Apr** **Mai** **Jun** **Jul** **Aug** Sep Okt Nov Dez

Bunter Schachtelhalm
(*Equisetum variegatum*) | Schachtelhalmgewächse
circumpolar | Sporen von April bis August

Typisch für sandig-kiesige Ablagerungen von Wildflüssen. Steigt in den Alpen bis 2.570 m hoch.

Sumpf-Ständelwurz
(*Epipactis palustris*) | Orchideen
submediterran | Juni bis Juli

Auf beiden Heiden auf feuchten und wechselfeuchten Stellen.

Ästige Graslilie (*Anthericum ramosum*) | Grasliliengewächse
submediterran, kontinental | Juli bis August

Die zarten weißen Blüten mischen sich mit dem Purpurrot der Sumpfgladiole auf der Königsbrunner Heide zu einem besonderen farblichen Bild.

Jan
Feb
Mär
Apr
Mai
Jun
Jul
Aug
Sep
Okt
Nov
Dez

Kugelige Teufelskralle

(*Phyteuma orbiculare*) | Glockenblumengewächse
praealpin | Juni bis Juli

Auf beiden Heiden. Beliebte Nektarpflanze von Tagfaltern und Widderchen.

Jan
Feb
Mär
Apr
Mai
Jun
Jul
Aug
Sep
Okt
Nov
Dez

Gekielter Lauch

(*Allium carinatum*) | Lauchgewächse
Süd- und Mitteleuropa | Juli bis August

Wächst nicht nur auf Halbtrockenrasen, sondern auch auf Moorwiesen.

Knollige Kratzdistel
(*Cirsium tuberosum*) | Korbblütler
dealpin | Juli bis August

Auf beiden Heiden häufig. Gute Schmetterlingsweide.

Jan Feb Mär Apr Mai Jun **Jul** **Aug** Sep Okt Nov Dez

Breitblättrige Ständelwurz
(*Epipactis helleborine*) | Orchideen
submediterran | Juli bis August

Vereinzelt am Waldrand der Heiden.

Jan Feb Mär Apr Mai Jun **Jul** **Aug** Sep Okt Nov Dez

Kreuz-Enzian (*Gentiana cruciata*) | Enziangewächse
kontinental | Juli bis August

Besonders auf der Kissinger Heide und auf dem angrenzenden Trockenrasen. Raupenwirtspflanze des Kreuzenzian-Ameisenbläulings (S. 98/99).

Färber-Scharte
(*Serratula tinctoria*) | Korbblütler
submediterran | Juli bis August

In wechselfeuchten Vertiefungen der Königsbrunner Heide (vgl. S. 9).

Hoher Wolfstrapp

(*Lycopus exaltatus*) | Lippenblütler
eurasisch, kontinental | Juli bis August

Die in Deutschland als ausgestorben geltende Art ist bei den Ausgleichsflächen der Bahngruben um 2008 neu aufgetaucht. Nächstes bekanntes Vorkommen in der Ukraine.

Wiesen-Flockenblume (*Centaurea jacea*) | Korbblütler

eurasisch, submediterran | Juli bis September

Bis in den Herbst hinein begehrte Schmetterlings- und Bienenweide.

Jakobs-Greiskraut
(*Jacobaea vulgaris*) | Korbblütler
kontinental | Juli bis September

Vereinzelt auf beiden Heiden. Auf der für Weidetiere giftigen Pflanze entwickelt sich die Raupe des Jakobskrautbärs (*Tyria jacobaeae*).

Graue Skabiose,
auch **Wohlriechende Scabiose**
(*Scabiosa canescens*) | Kardengewächse
kontinental | Juli bis September

Zählt zu den Kostbarkeiten der Lechheiden. Landesweit ist ihr Vorkommen – außer einigen weitgehend erloschenen Vorkommen in Mainfranken – auf das Lechtal beschränkt.

Rohr-Pfeifengras (*Molinia arundinacea*) | Süßgräser
eurasisch | Juli bis August

Bis zu 2 m hohe Pflanze. Durch ihre Ausläufer kann sie sehr dichte Bestände bilden und damit konkurrenzarme Arten verdrängen.

Salzburger Augentrost
(*Euphrasia salisburgensis*) | Sommerwurzgewächse
alpin, voralpin | Juli bis September

Auf beiden Heiden selten. Die Pflanze erreicht hier die Nordgrenze ihrer Verbreitung.

Jan Feb Mär Apr Mai Jun **Jul** **Aug** **Sep** Okt Nov Dez

Schwalbenwurz-Enzian
(*Gentiana asclepiadea*) | Enziangewächse
dealpin | Juli bis September

Ist auf den Heiden, im Gegensatz zu nahen feuchten und lichten Auwaldbereichen, sehr selten geworden.

Sumpf-Herzblatt (*Parnassia palustris*) | Herzblattgewächse
voralpin | Juli bis August

Sogenannte Fliegentäuschblume, täuscht Nektar nur vor. Auch auf kiesigen Stellen anzutreffen.

Jan Feb Mär Apr Mai Jun **Jul** **Aug** **Sep** Okt Nov Dez

Berg-Aster (*Aster amellus*) | Korbblütler
kontinental | Juli bis September

Südlich der Donau konzentriert sich das Vorkommen der Art auf das Lechtal, wo sie am weitesten bis zu den Alpen vordringt.

Jan Feb Mär Apr Mai Jun **Jul** **Aug** Sep Okt Nov Dez

Berg-Lauch
(*Allium lusitanicum*) | Amaryllisgewächse
kontinental | Juli bis August

Vor allem auf der Kissinger Heide.

Jan
Feb
Mär
Apr
Mai
Jun
Jul
Aug
Sep
Okt
Nov
Dez

Gewöhnliche Simsenlilie

(*Tofieldia calyculata*) | Simsenlilien-gewächse
subalpin, dealpin | Juli bis August

Selten auf beiden Heiden.

Jan
Feb
Mär
Apr
Mai
Jun
Jul
Aug
Sep
Okt
Nov
Dez

Ähriger Ehrenpreis

(*Veronica spicata*) | Wegerichgewächse
kontinental | Juli bis August

Sehr zerstreut auf beiden Heiden.

Jan Feb Mär Apr Mai Jun **Jul** **Aug** **Sep** Okt Nov Dez

Rosmarin-Weidenröschen

(*Epilobium dodonaei*) | Nachtkerzengewächse
eurasisch | Juli bis September

Die Pflanze galt zwischenzeitlich in Bayern als ausgestorben. Sie ist auf dem Lechfeld, auch auf den Ausgleichsflächen bei den Bahngruben 2006 neu aufgetaucht.

Jan Feb Mär Apr Mai Jun Jul **Aug** **Sep** Okt Nov Dez

Gewöhnlicher Teufelsabbiss

(*Succisa pratensis*) | Geißblattgewächse
eurasisch | August bis September

Wichtige Nektarpflanze für spät fliegende Insekten. Raupenwirtspflanze des im Stadtwald ausgestorbenen Goldenen Scheckenfalters.

Jan
Feb
Mär
Apr
Mai
Jun
Jul
Aug
Sep
Okt
Nov
Dez

Golddistel
(*Carlina vulgaris*) | Korbblütler
eurasisch und kontinental | Juli bis September

Zerstreut auf beiden Heiden. Wichtige Bienen- und Schmetterlingsweide.

Jan
Feb
Mär
Apr
Mai
Jun
Jul
Aug
Sep
Okt
Nov
Dez

Silberdistel (*Carlina acaulis*) | Korbblütler
submediterran | Juli bis September

Mit ihrer weit ausgebreiteten Blattrosette und ihren großen Strahlenblüten eine auffallende Pflanze im spätsommerlichen/herbstlichen Blütenaspekt der Heiden.

Gold-Aster, auch Gold-Steppenaster (*Galatella linosyris, früher: Aster linosyris*) | Korbblütler
kontinental | August bis September

Eines der sehr seltenen Vorkommen südlich der Donau liegt auf der Königsbrunner Heide.

Jan Feb Mär Apr Mai Jun Jul **Aug** **Sep** Okt Nov Dez

Deutscher Kranzenzian, früher: Deutscher Enzian (*Gentianella germanica*) | Enziangewächse
voralpin | August bis Oktober

Teils in üppig blühenden Exemplaren auf beiden Heiden bis in die ersten Nachtfröste hinein.

Jan Feb Mär Apr Mai Jun Jul **Aug** **Sep** **Okt** Nov Dez

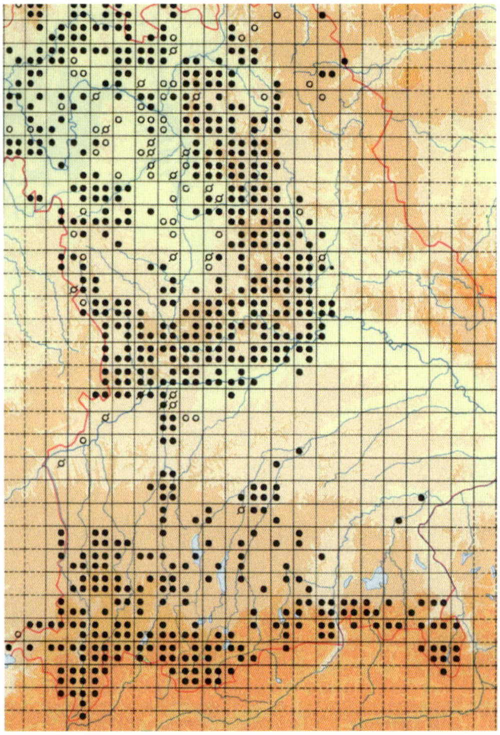

Echter Fransenenzian (*Gentianopsis ciliata*) | Enziangewächse
voralpin, submediterran | August bis Oktober

Die Verbreitungskarte dieser Art zeigt beispielhaft die Brückenfunktion des Lechs zwischen den Naturräumen Alpen und Alb (Karte aus: P. Schönfelder & A. Bresinsky (Hrsg.) (1990): Atlas der Farn- und Blütenpflanzen Bayerns. Ulmer-Verlag).

Jan
Feb
Mär
Apr
Mai
Jun
Jul
Aug
Sep
Okt
Nov
Dez

Zitronenfalter (*Gonepteryx rhamni*) (auf Rosmarin-Seidelbast) | Familie Weißlinge
März bis September | in zwei Generationen

Fliegt auf den Heiden als einer der ersten „Frühlingsboten" nach Überwinterung als Falter im Freien.

Jan
Feb
Mär
Apr
Mai
Jun
Jul
Aug
Sep
Okt
Nov
Dez

Kleiner Fuchs (*Aglais urticae*), balzendes Paar | Familie Edelfalter
März bis September | in zwei Generationen

Als sog. Ubiquist, d. h. als Bewohner unterschiedlichster Biotope, besucht der Kleine Fuchs ähnlich wie das Tagpfauenauge (*Inachis io*) bereits im Frühling die Blüten der Heiden.

Jan
Feb
Mär
Apr
Mai
Jun
Jul
Aug
Sep
Okt
Nov
Dez

Grüner Zipfelfalter (*Callophrys rubi*) | Familie Bläulinge
April bis Juni

Schlüpft im Frühjahr als einer der ersten Falter aus seiner überwinternden Puppe. Als „Verschiedenbiotopbewohner" lebt er auf Magerrasen und in Moorgebieten.

Jan
Feb
Mär
Apr
Mai
Jun
Jul
Aug
Sep
Okt
Nov
Dez

Frühlings-Mohrenfalter (*Erebia medusa*) | Familie Edelfalter; Unterfamilie Augenfalter
Mai bis Juni

Auch der Mohrenfalter ist ein „Verschiedenbiotopbewohner". Er fliegt im feuchten und im trockenen Grünland, solange es nur mager und warm ist.

Jan
Feb
Mär
Apr
Mai
Jun
Jul
Aug
Sep
Okt
Nov
Dez

Zwerg-Bläuling (*Cupido minimus*) | Familie Bläulinge
Mai bis August | in zwei Generationen mit fließendem Übergang

Diese kleinste heimische Tagfalterart lebt als Raupe auf unseren Heiden ausschließlich von heranreifenden Samen des Wundklees.

Jan
Feb
Mär
Apr
Mai
Jun
Jul
Aug
Sep
Okt
Nov
Dez

Braune Tageule (*Euclidia glyphica*) | Familie Eulenfalter
April bis September | in zwei Generationen

Die – wie der Name sagt – tagaktive Nachtfalterart ist auf den Heiden häufig.

Jan
Feb
Mär
Apr
Mai
Jun
Jul
Aug
Sep
Okt
Nov
Dez

Leguminosenweißling (Artkomplex dreier nah verwandter Arten aus der *Gattung Leptidea*) | Familie Weißlinge
Mai bis August | in zwei überlappenden Generationen

Jan
Feb
Mär
Apr
Mai
Jun
Jul
Aug
Sep
Okt
Nov
Dez

Schwalbenschwanz (*Papilio machaon*) | Familie Ritterfalter
Mai bis August | in zwei überlappenden Generationen

Als gute Flieger kommen auch Exemplare von anderen Biotopen auf die Heiden geflogen, um hier das Nektarangebot zu nutzen. Raupen findet man vereinzelt auf Doldengewächsen (kleines Bild).

Jan
Feb
Mär
Apr
Mai
Jun
Jul
Aug
Sep
Okt
Nov
Dez

Großer Kohlweißling (*Pieris brassicae*) | Familie Weißlinge
Mai bis August

Auch dieser Falter, der sich vom Kleinen Kohlweißling allein schon durch seine Größe deutlich unterscheidet, streift auf der Suche nach geeigneten Blüten weit im Offenland umher.

Jan
Feb
Mär
Apr
Mai
Jun
Jul
Aug
Sep
Okt
Nov
Dez

Weißbindiges Wiesenvögelchen (*Coenonympha arcania*) | Familie Edelfalter; Unterfamilie Augenfalter
Mai bis Juli

Auf beiden Heiden nicht selten. Fliegt vor allem im Saumbereich zu Gehölzen.

Jan
Feb
Mär
Apr
Mai
Jun
Jul
Aug
Sep
Okt
Nov
Dez

Brauner Bär (*Arctia caja*) | Unterfamilie Bärenspinner
Raupen: Hauptfunde von Mai bis Juni | Falter: Juli bis August

Während die nachtaktiven Falter nur selten zu entdecken sind, ist die Raupe auf den Heiden häufig zu beobachten. Sie schützt sich vor Fressfeinden durch ihr langes Haarkleid.

Jan
Feb
Mär
Apr
Mai
Jun
Jul
Aug
Sep
Okt
Nov
Dez

Grünes Blatt (*Geometra papilionaria*) | Familie Spanner
Juni bis Juli

Die zahlreichen Nachtfalterarten der Heiden sind wegen ihrer guten Tarnung („Grünes Blatt") tagsüber kaum zu entdecken.

Jan
Feb
Mär
Apr
Mai
Jun
Jul
Aug
Sep
Okt
Nov
Dez

Himmelblauer Bläuling (*Polyommatus bellargus*) | Familie Bläulinge
Mai bis Juni | August bis September | in zwei Generationen

Als typische Heideart entwickeln sich seine Raupen nur dann auf dem Hufeisenklee, wenn er auf trocken-warmen Böden in lückigem Bestand wächst.

Jan
Feb
Mär
Apr
Mai
Jun
Jul
Aug
Sep
Okt
Nov
Dez

Gemeiner Bläuling (*Polyommatus icarus*) | Familie Bläulinge
Mai bis Juli | August bis September | in zwei Generationen

Unser häufigster Bläuling. Wie beim Himmelblauen Bläuling ist nur das Männchen blau gefärbt. Die Weibchen haben eine braune Grundfärbung.

Jan Feb Mär Apr **Mai Jun Jul Aug Sep** Okt Nov Dez

Hufeisenklee-Gelbling (*Colias alfacariensis*) | Familie Weißlinge
Mai bis September | in zwei Generationen

Häufiger Falter, der von der Goldenen Acht (*Colias hyale*) kaum zu unterscheiden ist. Bestimmung als Hufeisenklee-Gelbling möglich durch typische Raupenfunde auf Hufeisenklee.

Jan Feb Mär Apr **Mai Jun Jul Aug** Sep Okt Nov Dez

Distelfalter (*Vanessa cardui*) | Familie Edelfalter
Mai bis Juni (zugewanderte Generation) | Juli bis August (2. Generation)

Der jährlich bis aus Nordafrika zugeflogene Wanderfalter bildet bei uns eine zweite Generation, die neuerdings bei wärmer werdenden Wintern in Mitteleuropa überwintern kann.

Jan
Feb
Mär
Apr
Mai
Jun
Jul
Aug
Sep
Okt
Nov
Dez

Pflaumen-Zipfelfalter (*Satyrium pruni*) | Familie Bläulinge
Juni

In den letzten Jahren selten, aber regelmäßig auf der Königsbrunner Heide zu beobachten.

Jan
Feb
Mär
Apr
Mai
Jun
Jul
Aug
Sep
Okt
Nov
Dez

Rotbraunes Wiesenvögelchen (*Coenonympha glycerion*) | Familie Edelfalter; Unterfamilie Augenfalter
Juni bis Juli

Das Rotbraune Wiesenvögelchen, das in den letzten Jahren landesweit deutlich seltener wurde, nutzt unsere Heiden als Refugium. Es fliegt hier nicht selten.

Jan Feb Mär Apr Mai **Jun** **Jul** Aug Sep Okt Nov Dez

Rostfarbiger Dickkopffalter (*Ochlodes sylvanus*) | Familie Dickkopffalter
Juni bis Juli

Als häufiger Falter auf unseren Heiden sehr gut beim Blütenbesuch zu beobachten.

Jan Feb Mär **Apr** **Mai** **Jun** **Jul** **Aug** Sep Okt Nov Dez

Landkärtchen (*Araschnia levana*), „Sommerform“ | Familie Edelfalter
April bis Mai | Juni bis August | in zwei Generationen

Das Landkärtchen, bei dem sich die Generationen als „Frühjahrsform“ und als „Sommerform“ (Foto) deutlich unterscheiden, lebt als Raupe auf Brennnesseln im Wald.

Jan
Feb
Mär
Apr
Mai
Jun
Jul
Aug
Sep
Okt
Nov
Dez

Schornsteinfeger (*Aphantopus hyperantus*) | Familie Edelfalter; Unterfamilie Augenfalter
Juni bis August

Einer unserer häufigsten Falter, der nicht nur auf den Heiden, sondern auch an Offenstellen im Wald Blüten besucht.

Jan
Feb
Mär
Apr
Mai
Jun
Jul
Aug
Sep
Okt
Nov
Dez

Schachbrett (*Melanargia galathea*) | Familie Edelfalter; Unterfamilie Augenfalter
Juni bis August

Es bevorzugt vor allem Magerrasen wie die Heiden, fliegt aber auch in feuchten voralpinen Streuwiesen.

Jan Feb Mär Apr Mai Jun **Jul** **Aug** Sep Okt Nov Dez

Feuriger Perlmutterfalter (*Argynnis adippe*) | Familie Edelfalter
Juli bis August

Der nicht seltene und eifrige Blütenbesucher ist auf beiden Heiden gut zu beobachten. Seine Raupen entwickeln sich an Veilchen.

Jan Feb Mär Apr Mai **Jun** **Jul** **Aug** Sep Okt Nov Dez

Dunkler Wiesenknopf-Ameisenbläuling (*Phengaris nausithous*) | Familie Bläulinge
Juni bis August

Wird auf den Heiden zunehmend seltener, weil seine Raupenwirtspflanze, der Große Wiesenknopf, wohl aufgrund der zunehmenden Trockenheit schwindet.

Ameisenbläulinge

Ameisenbläulinge, auf unseren Heiden der Enzian-Ameisenbläuling und der Dunkle Wiesenknopf-Ameisenbläuling, sind aus evolutionsbiologischer Sicht ein besonderes Faszinosum. Ihre Raupen leben zunächst von den Fruchtständen ihrer Wirtspflanzen, des Kreuz-Enzians bzw. des Großen Wiesenknopfs. Nach zwei bis drei Wochen verlassen die Raupen ihre Wirtspflanze. Am Boden müssen sie auf bestimmte Knotenameisen treffen, welche sie in ihr Nest tragen. Zu dieser „Adoption" durch ihre ursprünglichen Todfeinde trägt ein von den Raupen verströmter und auf die Ameisen befriedend wirkender Duftcocktail bei. Zusätzlich liefern die Raupen den Ameisen ein honigähnliches Sekret, das sie mittels einer speziellen Drüse produzieren. Im Ameisennest synthetisieren die Raupen zusätzlich einen Duftstoff, der als „Botenstoff" den Ameisenarbeiterinnen eine hohe soziale Stellung der Raupen im Ameisenstaat vortäuscht. Dank dieser Tricks können die Raupen ungestört Ameisenbrut fressen, bis sie sich im Ameisennest verpuppen.

Die Raupen des Enzian-Bläulings treiben ihr Täuschungsmanöver noch weiter. Sie ahmen zusätzlich die Laute der Ameisenkönigin nach. Dadurch getäuscht, füttern die Ameisenarbeiterinnen ihre vermeintlich neue Königin, d.h. die Raupe.

Diese Zusammenhänge konnten bis ins Detail erst durch aufwändige neue Forschungen geklärt werden.

1

2

3

1 Weibchen des Dunklen Wiesenknopf-Ameisenbläulings bei der Eiablage auf einer Blüte des Großen Wiesenknopfs.
2 Eier des Enzian-Ameisenbläulings auf Kreuz-Enzian.
3 Weibchen des Enzian-Ameisenbläulings bei Eiablage auf Kreuz-Enzian.

Enzian-Ameisenbläuling (*Phengaris alcon*) | Familie Bläulinge
Juni bis August

Der landesweit sehr seltene Falter fliegt vor allem auf der Kissinger Heide.

Silbergrüner Bläuling (*Polyommatus coridon*) | Familie Bläulinge
Juli bis August

Als typische Heideart lebt er im Raupenstadium nur auf Hufeisenklee, soweit dieser in lückiger Vegetation wächst.

Jan
Feb
Mär
Apr
Mai
Jun
Jul
Aug
Sep
Okt
Nov
Dez

Kleiner oder Großer Sonnenröschen-Bläuling (*Aricia agestis oder Aricia artaxerxes*) | Familie Bläulinge
Juli bis August

Kleiner und Großer Sonnenröschen-Bläuling sind ohne mikroskopische Untersuchung kaum zu unterscheiden. Auch für diese Arten sind die Heiden ein wichtiges Refugium.

Jan
Feb
Mär
Apr
Mai
Jun
Jul
Aug
Sep
Okt
Nov
Dez

Sechsfleck-Widderchen (*Zygaena filipendulae*) | Familie Widderchen
Juli bis August

Dieser häufigste Vertreter aus der Familie der Widderchen ist wegen seiner an Fressfeinde gerichteten Warnfärbung rot-schwarz leicht zu entdecken und zu beobachten.

Weißbindiger Mohrenfalter (*Erebia ligea*) | Familie Edelfalter; Unterfamilie Augenfalter
Juli bis August

Am Lech erreicht der Weißbindige Mohrenfalter, wie der Graubindige Mohrenfalter (*Erebia aethiops*), im Voralpenland seine nördlichste Verbreitungsgrenze.

Blauäugiger Waldportier (*Minois dryas*) (Männchen) | Familie Edelfalter; Unterfamilie Augenfalter
Juli bis August

Sein Verbreitungsschwerpunkt liegt in voralpinen Mooren. Er ist wohl ein Relikt feuchter und wechselfeuchter Areale der ursprünglichen Heidelandschaft.

Jan Feb Mär Apr Mai Jun **Jul** **Aug** Sep Okt Nov Dez

Jan
Feb
Mär
Apr
Mai
Jun
Jul
Aug
Sep
Okt
Nov
Dez

Hummel-Waldschwebfliege (*Volucella bombylans*) | Familie Schwebfliegen
Mai bis August

Mit ihrer Täuschung als Hummel wirkt sie auf Fressfeinde gefährlich. Zudem können dadurch die Weibchen ungestörter ihre Eier in Hummelnestern ablegen, wo sich die Larven parasitisch entwickeln.

Jan
Feb
Mär
Apr
Mai
Jun
Jul
Aug
Sep
Okt
Nov
Dez

Totenkopfschwebfliege (*Myathropa florea*) | Familie Schwebfliegen
April bis September

Die völlig harmlose Fliege ahmt die Färbung von Wespen nach, um damit ein Warnsignal an Fressfeinde zu senden. Beim Blütenbesuch ist die schnelle Fliegerin sehr gut zu beobachten.

Jan
Feb
Mär
Apr
Mai
Jun
Jul
Aug
Sep
Okt
Nov
Dez

Spalten-Wollbiene (*Anthidium oblongatum*) (Weibchen auf Gewöhnlichem Hornklee) | Familie Bauchsammlerbienen
Juni bis August

Die Weibchen nutzen für den Bau der Brutzellen, die sie zwischen Erdritzen, Felsspalten oder in hohlen Stängeln anlegen, von ihnen abgeschabte Pflanzenhaare.

Jan
Feb
Mär
Apr
Mai
Jun
Jul
Aug
Sep
Okt
Nov
Dez

Keulhornbiene (*Ceratina cyana*) (Weibchen auf Gelbem Sonnenröschen) | Familie Apidae
März bis Oktober

Wie viele andere Wildbienen ist auch diese Art auf die Pollen einer einzigen Pflanze spezialisiert. Die Weibchen tragen für ihre Nachkommen ausschließlich Pollen vom Natternkopf (*Echium vulgare*) ein.

Jan Feb **Mär** **Apr** **Mai** **Jun** **Jul** **Aug** Sep Okt Nov Dez

Großer Wollschweber (*Bombylius major*) | Familie Schweber
März bis August

Mit seinem stilettartigen Rüssel saugt er bereits als Frühlingsbote an unterschiedlichen Blüten. Seine Larven entwickeln sich parasitisch in Wildbienennestern.

Jan Feb **Mär** **Apr** **Mai** **Jun** **Jul** **Aug** **Sep** **Okt** Nov Dez

Dunkle Erdhummel (*Bombus terrestris*) | Familie Echte Bienen
März bis Oktober

Diese häufige Hummel baut ihre Nester vorzugsweise in alten Mäusenestern. Auf der Heide besucht sie verschiedene Blüten, besonders auch die des Natternkopfs (Foto).

Jan
Feb
Mär
Apr
Mai
Jun
Jul
Aug
Sep
Okt
Nov
Dez

Gefleckter Schmalbock (*Rutpela maculata*) | Familie Bockkäfer
Mai bis August

Häufig beim Blütenbesuch zu beobachten. Aufgrund seiner Warnfarbe gelb-schwarz ist er leicht zu entdecken. Seine Larven entwickeln sich in modrigem Holz.

Jan
Feb
Mär
Apr
Mai
Jun
Jul
Aug
Sep
Okt
Nov
Dez

Gewöhnlicher Bienenkäfer (*Trichodes apiarius*) | Familie Buntkäfer
Mai bis Juli

Wärmeliebende Art, die sich mit ihrer Warnfarbe rot-schwarz vor Fressfeinden schützt. Ihre Larven leben räuberisch in Honigbienen- und Wildbienennestern (Name!)

Jan
Feb
Mär
Apr
Mai
Jun
Jul
Aug
Sep
Okt
Nov
Dez

Kleine Zangenlibelle (*Onychogomphus forcipatus*) | Familie Flussjungfern
Juli bis August

Vor Jahren ist sie bei uns neu zugewandert. Während die Weibchen seltener zu beobachten sind, sonnen sich die Männchen gerne auf den Pfaden (Foto).

Jan
Feb
Mär
Apr
Mai
Jun
Jul
Aug
Sep
Okt
Nov
Dez

Große Heidelibelle (*Sympetrum striolatum*) | Familie Segellibellen
Juli bis September

Auch diese Art ist immer wieder beim Jagen auf den Heiden zu beobachten, obwohl ihr Larvallebensraum – offene Stillwässer mit Seichtwasserbereichen – im „Stadtwald Augsburg" selten ist.

Feldgrille (*Gryllus campestris*) | Familie Echte Grillen
Mai bis Juli | überwintert als Larve in selbstgebauten Höhlen

Der „Gesang“ der Männchen ist über 100 m weit zu hören. Die wärmeliebenden Tiere werden seit einigen Jahren häufiger.

Heidegrashüpfer (*Stenobothrus lineatus*) | Familie Feldheuschrecken
Juni bis Anfang November

Typische Art der Heiden. Unverwechselbar ist der arttypische ca. 5 m weit hörbare Gesang.

Schwarzfleckiger Grashüpfer (*Stenobothrus nigromaculatus*) | Familie Feldheuschrecken
Juli bis Oktober

Nur noch in einer kleinen Population auf der Hasenheide. Insgesamt ist die Art am Lech auf eine kritische Bestandsgröße geschrumpft.

Kleine Goldschrecke
(*Euthystira brachyptera*) | Familie Feldheuschrecken
Mai bis Oktober

Besiedelt als Verschiedenbiotopbewohner auch Moore und Feuchtwiesen, im Stadtwald auch lichte Kiefernwälder.

Literatur

Bresinsky, A. (1962): Wald und Heide vor den Toren Augsburgs – Zerfall berühmter Naturschutzgebiete? Jb. Ver. z. Schutze der Alpenpflanzen und -tiere 27: 125–141

Bresinsky, A. (1966): Naturschutzgebiet „Kissinger Heide". Jb. Ver. z. Schutze der Alpenpflanzen und -tiere 31: 165–174

Caflisch, F. (1848): Die Vegetationsgruppen in der Umgebung Augsburgs. Ber. Naturhist. Ver. Augsburg 1: 9–16

Hiemeyer, F. (1967): Nochmals: Die Königsbrunner Heide. Ber. Naturwiss. Ver. Schwaben 71: 68–73

Hiemeyer, F. (1970): Alte Baugruben der Eisenbahn als Heimstätten ursprünglicher Lechfeldflora. Ber. Naturwiss. Ver. Schwaben 74: 25–34

Hiemeyer, F. (1975): Die Flora der Heidefläche bei Neukissing. Ber. Bayer. Bot. Ges. 46: 87–91

Hiemeyer, F. (Hrsg.) (1978): Flora von Augsburg. Ber. Naturwiss. Ver. Schwaben, Sonderband

Hiemeyer, F. (1980): Das Naturschutzgebiet „Stadtwald Augsburg". Ber. Naturwiss. Ver. Schwaben 84: 4–13, 63–69 u. 85–92

Hiemeyer, F. (Hrsg.) (1984): Flora von Augsburg – Nachtrag. Ber. Naturwiss. Ver. Schwaben, Sonderband

Hiemeyer, F. (1996): Königsbrunner und Garchinger Heide – ein Vergleich. Ber. Bayer. Bot. Ges. 66/67: 219–228

Kuhn, K. (2013): Licca liber – Eine Chance zur Renaturierung des geschundenen Lechs. Ber. Naturwiss. Ver. Schwaben 117: 11–30

Liebig, N. & Pantel, N. (2009): Beweidung präalpiner Kiefernwälder auf Flussschottern im NSG Stadtwald Augsburg mit Przewalskipferden und Rothirschen. Ber. Naturwiss. Ver. Schwaben 113: 82–105

Lüttge, M. (1967): Zur Flora der Königsbrunner Heide. Ber. Naturwiss. Ver. Schwaben 71: 5–13

Müller, N. (1990): Die übernationale Bedeutung des Lechtales für den botanischen Arten- und Biotopschutz und Empfehlungen zu deren Erhaltung. Schr. R. Bayer. Landesamt f. Umweltschutz 99: 17–40

Müller, N. (1990): Das Lechtal – Zerfall einer übernationalen Pflanzenbrücke, dargestellt am Lebensraumverlust der Lechfeldhaiden. Ber. Naturwiss. Ver. Schwaben 94: 26–39

Müller, N. (1991): Auenvegetation des Lech bei Augsburg und ihre Veränderung infolge von Flußbaumaßnahmen. Augsburger Ökologische Schriften 2: 79–108

Müller, N. (2000): „Wald und Heide vor den Toren Augsburgs" – zur Bestandssituation der Königsbrunner Heide. Hoppea, Denkschr. Regensb. Bot. Ges. 61 (Bresinsky-Festschrift): 623–641

Pfeuffer, E. (2004): Artenreichtum und Artenverlust der Heiden im Unteren Lechtal. Jb. Ver. z. Schutz der Bergwelt 68/69: 181–203

Riegel, G. (2001): Das Projekt „Lebensraum Lechtal" – ein Beitrag zur nachhaltigen Entwicklung am bayerischen Lech. Laufener Spezialbeiträge und Laufener Seminarbeiträge (LSB) 3: 55–64

Schönfelder, P. & Bresinsky, A. (Hrsg.) (1990): Atlas der Farn- und Blütenpflanzen Bayerns. Stuttgart. 752 S.

Seidler, F. (2011): Tagfalterarten im Unteren Lechtal. Ber. Naturwiss. Ver. Schwaben 15: 35–45

Sendtner, O. (1854): Die Vegetationsverhältnisse Südbayerns. Literarisch-artistische Anstalt, München

Waldert, R. (1990): Die Fauna des Lechtales – Anmerkungen zur Bedeutung für den Artenschutz und zur Bestandssituation ausgewählter Tiergruppen. Schr. R. Bayer. Landesamt f. Umweltschutz 99: 41–47

Weiterführende Literatur siehe auch unter: https://www.zobodat.at

Bildnachweis

Demmel, H.: S. 35 u., 43 u., 50 o., 69 u., 75 o. (gr. F.), 81 o.

Fleischmann, A.: S. 103 o., 103 u.

Habenicht, K.: S. 5, 58 o. (gr. F.), 80 u.

Hartmann, P.: S. 94 o.

Hasler, G.: S. 86 u., 89 u. (kl. F.), 91 o., 91 u., 93 o., 93 u., 95 u., 96 u., 97 u., 100 u., 101 o. und u., 104 u.

Hiemeyer, F.: S. 106 o., 106 u.

Pantel, N. (LPV Augsburg): S. 19 o.

Wörle, P.: S. 31 o. (kl. F.), 33 u. (kl. und gr. F.), 34 u., 35 o., 36 o., 38 o., 39 o., 39 u. (gr. F.), 40 u. (kl. F.), 41 o., 42 o., 43 o., 45 o. (gr. F.), 45 u., 46 u., 47 o. re., 47 u. (kl. F.), 48 u., 50 u. (kl. F.), 52 o., 54 o., 60 u. (gr. F.), 61 u., 63 o. (gr. F.), 63 u., 64 u. (gr. und kl. F.), 65 li. und re., 65 u. (gr. F.), 67 u. (gr. F.), 69 o. (gr. F.), 70 o., 70 u., 72 o., 72 u., 73 o., 73 u. (gr. und kl. F.), 75 o. (kl. F.), 75 u., 77 u. (gr. und kl. F.), 78 u., 79 u. (gr. und kl. F.), 80 o. (kl. F.), 82 u., 83 o., 83 u., 93 o. (kl. F.).

Privat: S. 11 o.

Wißner-Verlag: Schema auf S. 7/8 aus dem Buch: Pfeuffer, E. (2010): Der Lech, S. 47, 50.

Bayerische Vermessungsverwaltung (www.geodaten.bayern.de): S. 112.

Weitere Fotos: Pfeuffer, E.

Register Pflanzen*

* Vom Pflanzenregister ausgenommen sind die Seiten 21–27.

Register Insekten

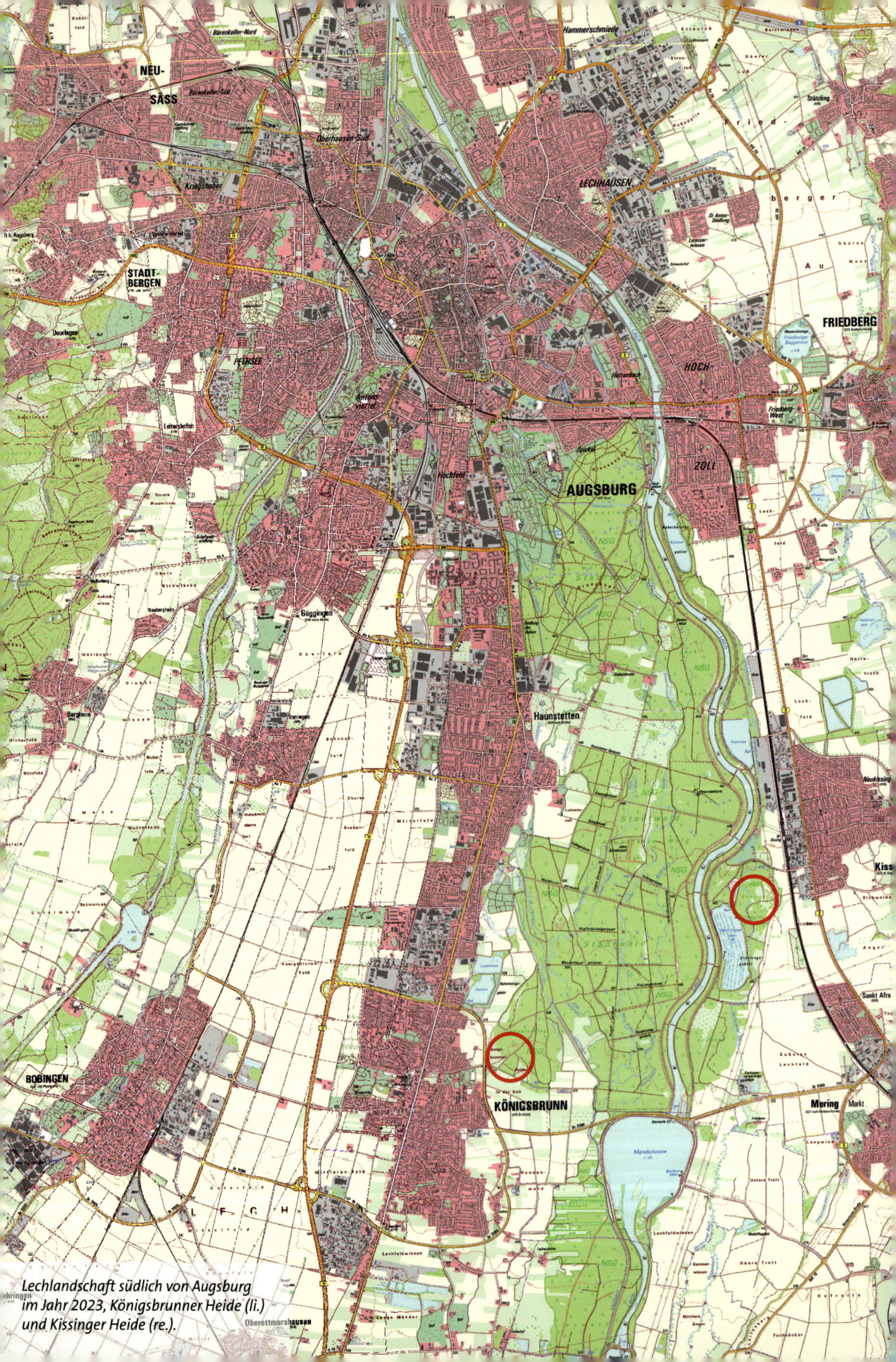

Lechlandschaft südlich von Augsburg im Jahr 2023, Königsbrunner Heide (li.) und Kissinger Heide (re.).

Diagnostic Advances in Precision Medicine and Drug Development

To arrive at the most appropriate decision regarding patient management, an essential step for medical practitioners is to determine a correct and accurate diagnosis of the patient's condition. In recent years there have been significant technological efforts in chemistry, biochemistry, laboratory science, and biotechnology toward improving disease diagnosis and management in patients. Further, drug developers have utilized some of these novel diagnostic methods during preclinical and clinical trials that have led to creating efficiencies in their development processes. This book provides an overview of diagnostic procedures that aid in precision medicine and the drug development process.

- Presents innovative methodologies for diagnostic testing that will be beneficial to biomedical science researchers and health professionals.
- Discusses recent significant technological advancement toward improving disease diagnosis.
- Describes recent developments in spectroscopic and chromatographic methods that will be of interest to pharma companies and scientists in chemistry, biochemistry, and pharmacology.
- Gives an overview of the integration of artificial intelligence in digital health that will be beneficial to biotechnologists, bioengineers, health professionals, and people in regulatory agencies.
- Is suitable globally for graduate and postgraduate students studying laboratory medicine.